轻松上手IT技术日文译丛

AI游戏开发
和深度学习进阶

[日] 伊庭齐志（Hitoshi Iba） 著

曹旸 译

机械工业出版社
China Machine Press

图书在版编目（CIP）数据

AI游戏开发和深度学习进阶 /（日）伊庭齐志著；曹旸译 . -- 北京：机械工业出版社，2021.8

（轻松上手IT技术日文译丛）

ISBN 978-7-111-68846-4

I. ① A…　II. ① 伊…　② 曹…　III. ① 游戏程序 – 程序设计　IV. ① TP317.6

中国版本图书馆CIP数据核字（2021）第154384号

本书版权登记号：图字　01-2020-1953

Original Japanese Language edition
GAME AI TO SHINSO GAKUSHU: NEURO SHINKA TO NINGENSEI
by Hitoshi Iba
Copyright © Hitoshi Iba 2018
Published by Ohmsha, Ltd.

Chinese translation rights in simplified characters by arrangement with Ohmsha, Ltd.
through Japan UNI Agency, Inc., Tokyo

AI游戏开发和深度学习进阶

出版发行：机械工业出版社（北京市西城区百万庄大街22号　邮政编码：100037）

责任编辑：赵亮宇　李美莹　　　　　　　　　　责任校对：殷　虹

印　　刷：大厂回族自治县益利印刷有限公司　　版　　次：2021年9月第1版第1次印刷

开　　本：170mm×230mm　1/16　　　　　　　印　　张：13.5

书　　号：ISBN 978-7-111-68846-4　　　　　　定　　价：79.00元

客服电话：（010）88361066　88379833　68326294　　投稿热线：（010）88379604

华章网站：www.hzbook.com　　　　　　　　　　读者信箱：hzjsj@hzbook.com

THE TRANSLATOR'S WORDS

译 者 序

深度学习开始被关注的标志性事件，就是一个采用深度卷积神经网络的模型 AlexNet 在 2012 年 ImageNet 图像识别大赛上获得冠军。自此，深度学习这门技术在机器视觉领域开始大规模应用。如今，采用深度学习的图像识别 AI 算法在识别精度上已经超过人眼的精度，我们日常生活中的扫脸支付也基于深度学习强大的图像特征提取能力。尽管深度学习的应用为图像领域带来了飞跃性的发展，但 2012 年的那场突破并没有引起全社会的广泛关注，当时人们并没有普遍意识到人工智能领域的崛起即将到来。我觉得之所以这样，是因为深度学习给机器视觉带来的飞跃只能算是开发出了某种高级图像传感器。当这个传感器收到"汽车"图像时会输出"汽车"这样的识别结果，当收到"花朵"图像时则会输出"花朵"这样的识别结果。虽然看起来很强大，但人们普遍没有感受到"智能"的存在。因为我们或许觉得，在对映入眼帘中的事物进行识别的整个过程中，我们感受不到自己在"动脑"。

之所以觉得 AlphaGo 才是 AI 时代到来的标志，或许是因为人们普遍承认下围棋是一种高级别的智能过程，也是一个绞尽脑汁的过程——我们可以切身感受到"动脑"。下围棋比拼的就是谁预见的步数更远更深，在这里我们或许会想到传统计算机算法可以用暴力枚举方法预估所有的走棋可能性，但这个方法在围棋中行不通，因为围棋的棋局存在 10^{171} 种可能性，人类目前或许找不出能够枚举出所有可能性的计算机。人脑也同样无法实现对所有走棋可能性的"扫描"。这个时候，人类的直觉发挥着强大的作用。当看到眼前的棋局时，人类能够依靠直觉快速给出多种落子方案。经验越是丰富，直觉越是准确。当考虑如何用计算机复现这种直觉时，我们的视野聚焦到了深度学习上。深度学习擅长解决图像问题，它的本质是处理矩阵数据，而围棋棋盘本身就是一种完美的矩阵。通过深度学习，我们对棋盘这个矩阵不断地进行特征提取并对其进行压缩，通过多层深度卷积处理后，拥有某种落子的"直觉"。用深度学习来学习的棋谱数据越多，这种落子的"直觉"就会越可靠。AlphaGo通过蒙特卡罗算法使用不同的落子方案进行预演，不断刷新不同的落子方案，从而提高最终结果的胜率，完全像是一个围棋高手一样——在落子之前已在脑海中完成了多种落子方案后续结果的预演。当然，蒙特卡罗算法并非新鲜方法，但正是深度学习的出现，AlphaGo才能实现针对眼前棋局的落子直觉和最终导向胜利的完美权衡。一个强大的围棋AI不仅需要有专家的直觉，也需要像专家那样深谋远虑。

伊庭教授在本书中强调了研究游戏AI的意义——或许是解密人类大脑思考方式的方法之一。我个人十分赞同伊庭教授的这一看法，我们的生活、工作和学习过程中的纠结一直都建立在着眼于眼前还是未来的权衡当中。但正是因为我们具有智慧，所以我们才会具有这种权衡能力（或者说是生活中充满了纠结）。游戏领域里的经典算法——A*算法在构造上相对近期的算法简单很多，但它一边着眼于眼前的资源消耗量，一边还要注意是否靠近终点，这种简单的路线规划原理已经具有了初步的着眼于眼前与未来的权衡能力。

本书的最后一章描述如何让游戏AI表现得像个人类玩家，并量化了一些因素，从而对类人程度进行函数化。我相信当读者坚持读到最后一章时，不仅会觉得游戏AI有趣，还会觉得人脑思维本身就有很多有趣的地方。或许研究游戏AI的意义不是为了创作出更加聪明、强大的AI，而是把它当作一面镜子，来进行对人脑思维研究的自我启发和探索。

曹旸

2021年2月于上海

前　言

> 或许可以说"人生就像玩纸牌，洗牌和发牌完全靠运气。"……
> 更恰当的说法是，人生就像下棋。
>
> Arthur Schopenhauer，《人生的智慧》

本书是一本关于游戏 AI 和谜题 AI 的书籍。书中对基础理论、深度学习、强化学习以及使用进化计算的最新方法进行了介绍，并通过具体示例进行了详细的解释说明。此外，本书不仅涵盖算法，还涵盖与 AI 相关的主题、历史背景和数学主题等各种内容。介绍这么多，是因为研究游戏本身与和 AI 相关的各种各样的课题及挑战有关。实际上，对游戏 AI 的研究不单纯是针对游戏，它还有助于解决许多优化理论和系统工程相关问题。不知不觉中，游戏还可能会影响我们的人生。

但是，本书不一定涵盖最新的数据和最强大的算法，因为本书的目的在于从一开始就提供易于理解的解释。本书将更多的重点放在描述普通但很实用的 AI 技术上。或许读者知道我还没有注意到的能够高效解决问题的 AI 方法，如果读者能够告诉我这些新信息，有机会的情况下我将进行更新和修订。

正如第 1 章所述，我在学生时代购买了 SciSys 公司的 Kasparov 国际象棋计算机 Travel Mate II（1986）。回想起来，它是商业化游戏 AI 的先驱。这台机器仍然奇迹般地运转着，孩子偶尔还会与之对弈。它对我来说是很强大的对手，很不好意思地说，我就算不断提高水平也依然无法击败它。Kasparov 本人在该机手册的末尾有以下声明：

"请尽情享受 Kasparov 国际象棋计算机。也许有一天，你可以获得与我对弈的实力！"

可惜的是，我认为这是不可能的，但是读者应该通过参考这本书进行扩展并挑战。一定要在其他游戏和谜题中寻求更强大的能力。

本书源于我在大学里的关于人工智能和系统工程基础的课程。在我的课程中，课题报告相当奇怪，有时难度会达到几乎无解的程度。但是，在学生提交的报告中有许多令人印象深刻的陈述和有趣的考量，每次阅读学生提交的报告，我都乐在其中。我对这些报告进行了添加和修改，并作为书中的组成部分。在这里我不能说出所有报告的作者的名字，但是我要感谢所有努力创建有趣报告的学生。实验室的川畑直之、铃木遼、横山智之和冢田凉太郎对源代码的修改做出了贡献。另外，计良宥志先生编写了一个程序，以代数方式解决数独问题。平井健太郎和斋藤真鱼在毕业论文中对游戏 AI 和人类进行了研究，并为第 6 章提供了数据。我还要感谢东京大学信息科学与技术研究生院电子情报学系伊庭实验室的教职员工以及学生。

我与自己学生时代时所属的实验室（东京大学研究生院工程研究生院信息工程学系井上实验室）以及电子技术综合实验室（Electronic Technical Laboratory, ETL）的各位同人探讨过的各种有趣的关于 AI 哲学层面的内容成了本书的核心。松原仁（既是我大学时代的学长，也是 ETL 推理实验室（开创性游戏 AI 实验室）的同人）告诉了我很多关于将棋 AI 的对战、国际象棋的游戏 AI 等有趣的内容。我当时还没有从事和游戏 AI 相关的研究，但后来在大学任职，听了学生关于游戏 AI 的研究，阅读了课题报告中关于制作游戏的内容以后，我决定开始学习相关的内容。另外，我一直喜欢解谜，并且一直对使用 AI 解决 Martin Gardner 和 Samuel Loyd 的谜题很感兴趣，而这一系列的挑战和本书中的许多课题都是有关联的。撰写本书时，我参考了松原的许多文档，并进行了引用，这让我回想起令人怀念的 ETL 时代。此外，东京大学研究生院电子情报学系的鹤冈庆雅老师会在研究发表会等场合分享很多关于游戏 AI 的有趣话题。我想通过这次机会对所有老师、前辈、后生以及同事表达深深的谢意。

　　最后由衷地感谢在背后默默支持我的妻子——由美子，以及孩子们（滉基、滉乃、滉丰）。

伊庭　齐志

2018 年 8 月于巴厘岛

CONTENTS

目　　录

第1章

谜题与游戏 AI 的过去和现在

那时应该让桂马可以横着跳，或者可以改变一下游戏规则。

——羽生善治，将棋名人

1.1 关于 AI 的预言成真了吗

1957 年，在人工智能刚诞生不久的时候，著名人工智能专家 Herbert Alexander Simon ⊖和 Allen Newell ⊖在 Operation Research 协会上做了以下预言 [77]。

十年以内，计算机将能够：
- 夺得国际象棋的冠军。
- 发现新的重要数学定理，并且能够进行证明和推导。
- 能够写出具有艺术价值的音乐。
- 把心理学理论进行程序化的叙述。

⊖ Herbert Alexander Simon（1916—2001）：美国认知科学家。基于理性理论，对人工智能学科做出了重大贡献。获得了 1978 年的诺贝尔经济学奖。

⊖ Allen Newell（1927—1992）：美国早期 AI 研究者。1957 年，在达特茅斯会议（确立人工智能学科领域的会议）上，与 Herbert Alexander Simon 一起发布了第一个人工智能程序 Logic Theorisu。

以上代表了早期对于人工智能的乐观的看法。如后文中将要叙述的内容——AI在西洋跳棋中的成功，使人们对于人工智能技术能够快速发展充满了过度的期望和自信。但冷水泼得也很快，人工智能的发展马上就迎来了寒冬。到了20世纪80年代后期，专家系统这一技术的兴起使得人工智能得到了一时的复兴，但马上又迎来了另一场凛冬。

最近几年，人工智能的热潮再次兴起。那么以上那些预言实现了多少呢？关于第一条，已经实现了。关于第二条，虽然还没有取得划时代的重大发现或突破，但是人工智能的技术已经成了很多数学证明的助力[⊖]。关于第三条和第四条，半个多世纪过去了，人们还在努力探索中。

本书的内容将围绕第一个预言——游戏和谜题，介绍AI技术的基础知识和近期的研究及发展情况。

1.2 游戏 AI 的历史和背景

关于会下国际象棋的计算机的描述，可以在 Norbert Wiener[⊖]的代表性著作 *Cybernetics*（《控制论》）中找到 [11]。Wiener 探讨了是否能够开发出可以下国际象棋的机器，如果能够开发出来，是否意味着需要彻底弄明白机器的智能和人类智力的区别。关于这一点，我认为 Wiener 抱着否定的态度。另一个比较有趣的内容就是，机器是否能够成为不同级别的人类棋手的对手。这一点会与第6章的内容产生联系。

⊖ 相关内容请参考3.4节的讨论。
⊖ Norbert Wiener（1894—1964）：美国数学家。他提倡控制论，把基于生物和机械的控制理论和通信理论进行统一作为努力目标。这个理论在社会学、机械工学、系统工程学、机器人学等各种学科领域适用。也作为人工智能学科的支持理论之一。

之后，Claude Elwood Shannon⊖在 1949 年编写的论文（1950 年出版）被认为是最早的关于会下国际象棋的计算机的论文 [76]。Shannon 第一次提出了"分支逻辑树"的想法。这个想法将会与 4.2 节中的 AND/OR 树相关。Alan Turing⊜在 1951 年开发了能够实现 Shannon 这一想法的程序（以下内容的叙述参考了文献 [76]）。但由于当时的计算机无法运行这个程序，于是图灵就让两个人类模仿计算机进行下棋。结果，搜索能力弱的一方输掉了棋局。1956 年，这个程序在美国洛斯阿拉莫斯国家实验室（LANL）的称为 MANIAC I 的计算机上被试着执行。由于受限于当时计算机的计算能力，所以程序被设定为在 6×6 的棋盘上执行。最终，计算机抓住了人类棋手的失误战胜了人类棋手。实际上，真正意义上成熟的国际象棋程序是在 1957 年由 Alex Bernstein 开发出来的。这个程序能够预测到未来两棋步，被评价为"还算过得去的外行国际象棋棋手"。

到了 1960 年，Richard Greenblatt 用 PDP-6 型计算机开发出了相当强的国际象棋程序。这个程序参与了针对初学者的各种比赛，并获得了冠军。当他再次审视他开发的这套程序时，发现了一个惊人的现象：程序往往会不按照他设计的思路下出一步好棋。这是程序 Bug 造成的，把最糟糕的选择和 6 个最好的选择排除在外。关于这个 Bug，在程序运行的第一年中一直没有被发现，但实际上程序在各种水平（level）下运行后，下棋的方式以及思考的水准开始不断提高，程序会意识到糟糕的下子方式，并且会尽可能避免全面溃败这样的最坏结局。Marvin Minsky⊜把机器的最糟糕选择定义为机器"内心中的恶魔"（自毁的冲动），并描述道："就算有恶魔存在，它也会在机器意识到它之前被自动删除。"

⊖　Claude Elwood Shannon（1916—2001）：美国数学家、电子工程学家。他被称为"信息论之父"，构筑了加密理论和符号理论。此外，他还在晚年期间，在股票和赌博领域实践了自己的理论 [37]。

⊜　Alan Turing（1912—1954）：英国数学家。在第二次世界大战期间参与破解德军的 Enigma 密码。他被称为"计算机科学之父"。基于计算理论的图灵机以及基于形态形成的图灵模型 [10] 使他成为这一领域的先驱。

⊜　Marvin Minsky（1927—2016）：美国人工智能学者。也被称为"人工智能之父"。曾经因为证明了深度学习的基础单元——感知器的能力极限而出名 [6]。他的名著 The Emotion Machine 是人工智能研究人员的必读书籍。

此外，在早期的 AI 研究中，西洋跳棋也是一个重要的内容。Arthur Samuel 非常成功地开发出了西洋跳棋 AI。他用汇编语言在拥有 36 位存储位置的 IBM700 系列的计算机上完成了开发。同时，Samuel 还提出了能够显示棋盘盘面，并能高速运算的方案。这个内容和 3.6 节的位棋盘（Bit Board）相关。

让人惊讶的是，Samuel 开发的算法能够学习经验，变得更加强大[74]。Minsky 还谈到 Samuel 开发的这个西洋跳棋程序有着奇妙的缺陷。据说程序会在某个地方发生符号逆转，如主动弃子或主动让对方吃掉。即使有这样的缺陷，但它仍然可以用来进行一场激烈的对决。这个缺陷在某种程度上可以被认为为了胜利而采取的弃卒保车的战术。实际上这是很多西洋跳棋玩家认可的一种战术。如果是这样的话，则需要对棋局的控制具有相当谨慎的权衡感，也就是说，没有直接建立手段（对于棋局的控制）和目的（赢棋）的单纯关系，而是把注意力放在了比手段更加长远的地方。这种情况实际上和人的思考方式以及 AlphaGo（见 5.1 节）的强化学习原理相关。Minsky 说过，实际上人脑中会浮现很多不好的思考方式，但一直都在被好的思考方式检查着。人类的意识层无法意识到自己拥有一些可怕的思考方式⊖。也就是说，游戏 AI 的研究和实现人类级别的智能（强 AI）有着密切的关系。在这里描述过的"谨慎的权衡感"和"奇妙的操作"会引申出后文当中提到的蒙特卡罗树搜索（见 4.5 节）与基于学习的游戏 AI（见第 5 章）。

近几年来，针对游戏以及谜题的 AI 技术得到了惊人的发展。比如说，2017 年发表了能够解开西洋跳棋问题的论文[73]。此外，还原魔方的最短步数一直都被认为需要 22 步，但最近已经被改写为需要 20 步。遗憾的是，这个数字是通过谷歌的研究员用全搜索的方法获得的，而不是用 AI 解开的。这个数字甚至被称为"上帝之数⊜"（God's Number）。更值得一提的是，一篇解开作为

⊖ 参考了 Minsky 的 *The Emotion Machine* 中的论点。
⊜ http://www.cube20.org/。

信息不完整游戏的代表——德州扑克⊖（Texs hold'em）的论文被发表。在这篇论文里，统计结果表明，采用近似纳什均衡⊜的手法不会输于任何对手。

　　有一个在国际象棋中人类和游戏 AI 对弈的历史案例。1997 年 5 月，在纽约曼哈顿举行了一场人类（Garry Kasparov⊜）和 AI（深蓝）的对弈⑩。然后，在 6 次对弈的第 6 局中，计算机获得了胜利。Kasparov 虽拿下了第一局，但第二局输了。实际上本来可以以平局终结的一局，Kasparov 却主动选择认输。他本人曾经描述道 [17]：“如果对手是人类，碰到同样的局面，我是不会选择认输的，但我对深蓝带来的恐惧产生了动摇，对与深蓝对弈产生了恐慌情绪。”也就是说会忍不住考虑一般人类有时候会下的一步臭棋，计算机不会犯这种低级失误；会忍不住考虑计算机绝对不会允许自己被将军的局面出现。由于脑海中不断浮现这些想法，从而对局势产生误判，最终使自己出现了失误。虽然第 3 局、第 4 局以平局结束了，但令人惊讶的是深蓝有在极其不利的局面下把棋局导向平局的能力。虽然第 5 局也是以平局作为终结，但在对弈的过程中 Kasparov 有好几次赢棋的机会，很遗憾的是他没有利用好这些机会，用现在的国际象棋分析软件分析的结果，本来有两次能够赢棋的机会（深蓝下过 2 次臭棋）。在最为关键的第 6 局，不到 1 小时的时间 Kasparov 就选择了认输。关于和深蓝对弈的感想，Kasparov 表示：“感觉十分冰冷，感受不到与人对弈的感觉”，此外他还描述道：“简直就像棋桌上坐着一个全新的智能生命体。”[17]

⊖　每个玩家分 2 张牌作为“底牌”，5 张由荷官陆续朝上发出的公共牌，然后进行组合。

⊜　纳什均衡指在对手采取某种策略时，假设自己不采用这种策略就必定会遭受损失的一种策略。比如在猜拳中，唯一能采用的均衡策略就是无论面对什么样的对手，都能够均衡分别出石头、剪刀、布的概率。近几年被称为 CFR（Counterfactual Regret Minimization[87]）的近似计算方法被提出来了。

⊜　Garry Kasparov（1963—）：阿塞拜疆人。国际象棋的世界冠军（1985—2000 期间）。在计算机国际象棋时代到来前的黎明期，就已经将计算机用于国际象棋的数据分析。在 20 世纪 80 年代后期，以他的名字命名的国际象棋软件被发售了（见图 1.1）。

⑩　1997 年，一个叫作 Logistello 的游戏 AI 通过 6 局全胜击败了当时的黑白棋世界冠军村上健。

由于这场对决的主办方是 IBM，因此对于人类方的 Kasparov 来说有几个客观上不利的因素——无法提供计算机的日志（思考过程），以及由人类的介入、程序的错误崩溃引起的中断。此外，人类会因为连续对弈而感到疲劳，但机器却不会，甚至机器不会有任何心理负担或压力。基于以上客观原因，最近的人机对弈允许人类选手提前获得游戏 AI 的程序，可以提前对这个程序的特征进行调查。

在这场人机对弈以后，IBM 也终结了针对这次对弈的项目，把解体后的深蓝赠予了史密森尼博物馆和计算机历史博物馆。对于 IBM 后续没有让深蓝回归比赛或者没有让研究开发继续有很多批评的声音，甚至有人讽刺道："就像好不容易到了月球，但什么都没探索就回到地球了。"[17]

图 1.1   我在学生时代购买的 Kasparov 国际象棋计算机 Travl Mate II（SciSys
        公司于 1986 年生产）。它至今还可以运行，可以进行各种水平的对
        战，相当强大

最近，游戏 AI 的发展受到了更多的关注。2016 年 3 月，谷歌旗下的 DeepMind 公司开发出了 AlphaGo，在与韩国围棋棋手——李世石的对弈中，5 局 3 连胜的结果给全世界带来了很大的震撼。然后在 2018 年 5 月与世界排名第一的中国棋手——柯洁的对弈中 3 局全胜，最后公开了所有棋谱，从此以后退出了人机对弈的世界（见 5.1 节）。

值得一提的是在 2006 年，针对将棋的游戏 AI——Bonanza 被揭示出超越人类的可能性。这种游戏 AI 的原理是基于评价函数的学习手法[41]。2015 年，日本情报处理学会发布的分析结果表示：计算机在将棋方面的实力已经追赶上了顶级职业棋手。基于这种现状，AI 的研究者宣布了计算机将棋项目的终结。将棋名人羽生善治表示："如果运气好的话，或许能够击败 AI，但是只要再花几年，AI 的成长速度会到达 F1 赛车一般。这个时候，人类不会妄想在人机对弈中能够击败 AI。"

1.3　游戏 AI 是否会剥夺人类的乐趣

对于游戏 AI 的发展，也有来自人类的批判声——游戏 AI 会不会夺走人们玩游戏的乐趣？让计算机进行解密（或与人类玩游戏）有什么乐趣？甚至还会听到用计算机这样机械的方式去对待谜题和游戏简直就是异端的声音。

比如说关于国际象棋，Bobby Fischer[⊖]在 2002 年提出了"国际象棋已死"这样的言论。那是因为有过一些批评的声音：

- 从开局到终局几乎都是定式化的套路。
- 职业的棋手也会利用棋谱的数据库。

并感叹国际象棋的艺术已经下降到比拼背诵棋谱和准备的充分程度的水准[38]。实际上，国际象棋中被称为"开局"（opening）的开局策略对于职业棋手来说只是把研究成果回忆起来就可以了。也就是说，职业棋手可以根据自己的偏好以及对弈对手进行准备，然后从各自脑内的记忆库中选择一种开局方式。但像这种依赖数据库的模式被批判，是因为这样的模式让玩家无法解释什么样是好棋，什么样是坏棋，并让人放弃思考。

⊖　Bobby Fischer（1943—2008）：美国人，1972 年至 1975 年的国际象棋冠军，被称为"20
　　世纪最强国际象棋棋手"，因故意放弃头衔、拒绝比赛等种种奇怪行为而为人熟知。1972
　　年与苏联冠军 Boris Spassky 争夺世界冠军的比赛甚至成了东西方冷战的象征。

还有类似的言论，批判 AI 的哲学家 John Searle⊖认为从纯数学的角度来说，国际象棋是一种很无聊的游戏。印第安纳大学的计算机科学家——Douglas Richard Hofstadter⊖曾经认为国际象棋的对弈是一种十分需要丰富洞察力的活动，这种洞察力是人类相当核心的能力之一。但听说 Kasparov 被深蓝击败以后，Hofstadter 提出了以下论点 [15]：

> 真是令人无奈，原本以为下国际象棋是需要思考力的，但现在知道并非如此。我并不是想说 Kasparov 是没有深刻思维能力的人，只是明白了就算没有深刻的思维能力也可以下国际象棋。就像飞机不用像鸟儿一样摆动翅膀也能飞上天空一样。

另外，Searle 对于游戏题材的 AI 研究的意义进行了自问："深蓝的下棋技术真的很高超，但那又如何呢？难道它会教我们如何下棋？然而并不会。难道它会帮我们解释、理解 Kasparov 的脑海中是如何描绘棋局的？"

换句话说，一台能够像人类一样思考的象棋机器输给世界冠军并不会成为什么新闻。就算再换一种情况，象棋机器击败了世界冠军，但不会有什么人会关心这台机器的思考方式。不论是在游戏 AI 领域，还是利用 AI 的其他领域，这都是会被问到的难题。

基于以上情况，西洋跳棋以及国际象棋的社区也正在尝试让游戏变得更有趣。比如说做出了以下两种改进游戏的尝试：

- 西洋跳棋的两步限制：开始对弈以后随机选择前两步，保持这个局面，然后两位玩家交换顺序开始对弈。

⊖ John Searle（1932—）：美国哲学家，因提出用于批判图灵测试和强人工智能的"中文房间"而出名（参考文献 [5]）。

⊖ Douglas Richard Hofstadter (1945—)：美国认知科学家及人工智能学家。著有 *Gödel, Escher, Bach: An Eternal Golden Braid*（1979 年），并在 1980 年获得普利策奖文学奖，此书被称为 AI 界的圣经，属于 AI 学者的必读书籍。

● 菲舍尔任意制国际象棋：在开局之前，按一定条件将双方的初始棋子随机放置（Chess960）。

有趣的是，将棋名人羽生善治也做过类似的回答。他本人对于"如果计算机完全理解了将棋，那么怎么办"这样的疑问，给出了本章开头的回答。

1.4 游戏 AI 的意义

Kasparov 提出了人和计算机组成组合的"高级国际象棋"（Advanced Chess）的游戏形式。在这种游戏形式下，每位玩家可以带着自己的计算机并开启各自的国际象棋软件参与对弈。在一场大赛中，观众可以看到选手的计算机屏幕，令人感到有趣的是，可以从中读出专业人士走棋的思考过程。选手在比赛中制作出来的搜索树被保存了下来，使人们还可以在后期通过这些模型分析出重要局面中选手是如何进行抉择的 [17]。近几年，类似的人机协作案例出现在越来越多的领域。如游戏 AI 中所见，"没有实力的人类选手＋机器＋优秀处理"会比单纯的强力计算机更加优秀，更让人意外的是这种组合会比"优秀的人类选手＋机器＋低劣处理"发挥更优秀的性能。人们把这种现象称为"Kasparov 法则" [16]。

游戏或谜题 AI 常常被用于测试计算机的能力，以及探索高效计算算法的研究。很久以前，人类就把计算机和计算器利用在人类抽象思维的象征——数学上。很多数学家在实践中会边实验性地计算边推导自己的假设，然后证明一些定理。举个例子，据说大数学家 Johann Carl Friedrich Gauss 就用这种方式追寻神秘的素数分布⊖。

⊖ 自然数的素数分布。把不超过 x 的素数的倒数定义为 $\pi(x)$，Gauss 猜想了 $\pi(x)$ 会近似 $x/\log(x)$。这被称为素数定理，这个定理与黎曼假设（Riemann hypothesis）以及现代数学的各种研究有着千丝万缕的关系。

据说在文献 [28] 中记载的"对于 Gauss 来说,数学计算并不是什么痛苦而是娱乐"的证据就是,Gauss 在幼儿时期完成了 200 以下素数和素数的倒数幂的循环小数表,然后还把这个表扩大到了 1000。数学家 Godfrey Harold Hardy 开始提倡数学理论应该被归为实验科学,并说道:"有名的数学理论在被证明的一百年前就得到了猜想,最后通过大量的计算实验结果得到证据、进行巩固。"

也就是说,计算机既是工具,也是具有创作性的手段。研究和使用谜题、游戏的 AI 不单是为了得到好的结果,还会被期待用于开拓人类的思考之路。关于使用计算机解开数学和谜题的手法,请参考文献 [8]。

1.5 游戏的深奥程度与"先下手为强"定理

在本章的最后一节,将介绍一个案例,来说明游戏是无法用一根筋思路进行的。

我们来看看一种叫 Chomp $^\ominus$ 的游戏(以下的内容基于文献 [13] 和 [19])。

Chomp 的规则:
- 在大小为 $m \times n$ 的长方形巧克力板上,两位玩家轮流啃下去。
- 两位玩家轮流自选一块还剩下的巧克力,并把它右上边的所有巧克力啃走。
- 最左下角的巧克力被涂了毒,所以谁啃到了就算输。

图 1.2 展示了 4×6 规格的 Chomp 游戏的前两步。

$\ominus$　Chomp 在英语中表示咀嚼的意思。

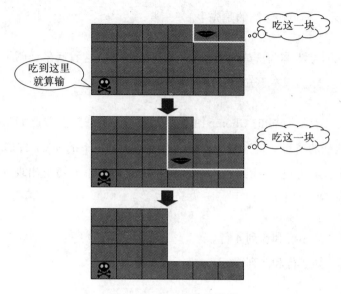

图 1.2 Chomp 游戏示意

这个游戏很简单，关键在于先下手为强。比如可以思考一下以下的必胜法。

- $n \times n$ 的 Chomp：先下手的玩家一开始不要去啃一大块正方形，而是在纵横向中正方形小块比较少的那一列或那一排，一列列或一排排地啃下去。
- $2 \times n$ 的 Chomp：先下手的玩家直接啃右上角的一块就可以赢。

然而不管什么形状的 Chomp，先下手为强的必胜法则可以归纳如下。

1）先手或后手，必然有一方会有必胜法则[○]。

2）假设后手会有必胜法则。

3）那么接下来，先手的第一步只啃下右上角一块，后手应该有相应的对应手段 X。

4）在这种情况下，如果先手第一步就采取了手段 X，那么先手会进入必胜状态，这是矛盾的。

○ 这可以用矛盾法证明，而不是用排除法[19]。

5）那么，有必胜法则的是先手。

这种证明方法称为"战略盗用法"。有趣的是，这看起来证明了必胜法则的存在，但实际上根本不知道具体的取胜方法。

不管对于什么尺寸的 Chomp 游戏，大家都知道"想要取胜的第一步总是单一的"这样的猜想。这个猜想的确会在 n 为 100 以下的 $3 \times n$ 的 Chomp 游戏中成立。但到后来还是找到了一个反例。反例中最小的情况出现在 8×10 的 Chomp 游戏中，如下所示。

- 留下 5 列 8 行和 5 列 4 行。
- 留下 8 列 8 行和 2 列 3 行。

关于这个内容，会在后面章节的关于利用 AI 的游戏搜索法的描述中得到确认。

我们在这里再思考一下另一个游戏例子——约数游戏。以下是这个游戏的简介。

> 约数游戏的规则：
> - 先固定一个正整数 n。
> - 两位玩家轮流说出一个 n 的约数。
> - 已经说过的数的倍数是不可以说的。
> - 最后不得不说"1"的那一方算输。

根据战略盗用法，这个游戏也能体现出先下手的那一方必胜。

对于这样一个单纯的游戏，实际上也并非解开了所有的胜利方法。应当注意的是，如果在约数游戏中设为 $n = p^a \cdot q^b$，那么就会变成和 Chomp 一样的游戏（条件：p 和 q 必须是不同的素数）。比如说图 1.2 的 Chomp 和 $n = p^3 \cdot q^5$ 约数游戏是相同的。如果可以写成 $n = p^a \cdot q^b$ 的形式，玩家可以说的数字需要是

$p^i \cdot q^j$ 的形式，i 和 j 至少有一个要比前面的数小（$0 \leqslant i \leqslant a$ 或 $0 \leqslant j \leqslant b$）。这样就相当于 $(a+1) \times (b+1)$ 尺寸的 Chomp 游戏了。

两位玩家交替出手的游戏称为"交互式双人游戏"。国际象棋、黑白棋、井字棋就属于这一类游戏。对于交互式双人游戏，以下定理是成立的（参考文献 [30]）。

策梅洛定理：对于交互式双人游戏来说，要么先手拥有必胜法则，要么后手拥有必胜法则，要么双方尽了最大的努力达成平局。

利用这个定理可以导出以下结果。

- 先手在没有禁招的五子棋游戏中必胜。
- 井字棋游戏中会平局。
- 后手在 6×6 的黑白棋游戏中必胜。
- 西洋跳棋游戏中会平局 [73]。

然而，对于通常的 8×8 的黑白棋、国际象棋以及围棋，确认必胜法则至今还很困难。关于这一点请参考文献 [30]。

接下来的章节会说明如何使用 AI 手法高效地解开这些游戏以及谜题。

第 2 章

解谜的 AI

如果没有特别具体的要求，提出关于生存意义的问题是错误的。

好比采访国际象棋世界冠军时有人提问道："老师，说到这里，什么样的招式是好的招式？你是如何考虑的呢？"这种问题简直荒诞至极。

——Viktor Emil Frankl, *Man's Search for Meaning*[39]

2.1 搜索树

2.1.1 树的构造和图形表达

思考一下下面的问题。

问题 1 15 谜题（见图 2.1）

在一个 4×4 的格子里配置 1 到 15 的滑块，通过把滑块移动到空白位置从而达到最终目标的游戏称为 15 谜题。这个游戏也称为"滑块谜题"。关于 15

谜题有一个好玩的轶事。1887 年，Sam Loyd[⊖]开始贩卖这种谜题，当年的初始
状态如下。

```
 1   2   3   4
 5   6   7   8
 9  10  11  12
13  15  14   X
```

最终需要变成如下所示的状态。

```
 1   2   3   4
 5   6   7   8
 9  10  11  12
13  14  15   X
```

图 2.1　15 谜题

当时 Loyd 宣称能够解开这个谜题者将获得赏金 1000 美元（这里 X 表示空
白位置）。于是人们开始对这个谜题变得狂热，这种狂热的情绪不仅在美国发
酵，还传染到了欧洲，据说 15 谜题在当时大卖 [33]。虽然很多人宣称解开了这
个谜题，但并没有什么人的解法和领奖的信息被记录下来。实际上这个问题理
论上是无法解开的。终点状态的滑块放置方式超过 20 兆种，其中只有一半的
方式可以从初始状态滑到终点状态。剩下的一半状态（包含上述终点状态）无
法从初始状态到达终点状态，因此无法解开上述谜题。

⊖　Sam Loyd（1841—1911）：美国谜题作者，娱乐数学学者。

两种状态 A 和 B 是否能够彼此到达其实可以用置换的奇偶性进行判断。我们首先考虑一下从 A 状态转换到 B 状态需要的滑块交换次数⊖。如果这个交换次数是偶数，则 A 和 B 的奇偶性是相同的，可以通过空白位置的移动到达[20]。这个谜题的原型利用了 4×4 格子的"幻方"，且在 19 世纪 80 年代就已经开发出售了。也就是说，真正的创作灵感可能并非来自 Sam Loyd[33]。

问题 2 传教士与野人（Missionaries and Cannibals）⊖

有两个传教士和两个野人正打算集体渡河（见图 2.2）。渡河的小舟只有一艘，最多只能同时载两个人。让人感到为难的是，一旦野人的数量超过传教士，野人就会发动叛乱。也就是说，不管是此岸还是彼岸，野人的人数是不可以超过传教士的。但是出于对干粮消耗的节制，一边的河岸上只剩下野人这种情况是允许的。在这种情况下，全员能平安无事地渡河吗？

我们试着用火柴棒解决传教士与野人问题。在这里我们要准备四根火柴，去掉两根火柴的头部，用没有头的火柴作为传教士，有头的火柴作为野人。我们能解决这个问题吗？需要注意的是，如果过于随便地进行搜索，会导致反复回到相同的状态，最后无法解开这个问题。

那么我们要想出一个可以系统性地进行搜索的方法。经常使用的一个方法就是利用状态空间进行搜索。使用如下形式表示状态。

$$(L_M, L_C, R_M, R_C, P_B) \tag{2.1}$$

⊖ 把两个不同的滑块取出进行位置交换计为 1 次。

⊖ 在我还是学生时，"传教士与野人"问题就已经很有名了。就如结构主义人类学家 Claude Levi-Strauss 所解析的那样，非洲和美洲大陆的原住民具有有别于西欧的独特而又优秀的文化。这个问题使用这样的称呼，强烈反映了西欧中心的优越感思想，遭受了很多批判。让人遗憾的是，这个问题的名称基于历史原因已经十分固定，难以改变。虽然这几年还有"猫和老鼠问题"[27] 这样的称呼，但这种称呼又会导致对问题题意的理解偏颇。虽然我不认可西欧中心主义思想，但如上面描述的原因，为了方便，依然采用"传教士与野人"这个名称。

图 2.2　传教士与野人的问题

在这里，L_M、L_C 分别代表在左岸的传教士和野人的人数，R_M、R_C 分别代表在右岸的传教士和野人的人数。P_B 表示小舟所处的位置（L 和 R 分别表示左岸和右岸）。

初始状态为：

$$(2, 2, 0, 0, L)\qquad(2.2)$$

目标状态为：

$$(0, 0, 2, 2, R)\qquad(2.3)$$

在这里条件必须被设置为：

$$L_M \geqslant L_C \text{ 或者 } L_M = 0 \tag{2.4}$$

$$R_M \geqslant R_C \text{ 或者 } R_M = 0 \tag{2.5}$$

当然以下条件必然成立。

$$L_M + R_M = 2 \tag{2.6}$$

$$L_C + R_C = 2 \tag{2.7}$$

小舟每移动一次，状态就会发生变化。但需要注意的是小舟每次只能载两个人。比如说，小舟移动一次以后会从初始状态移动到以下几种状态。

$$(0, 2, 2, 0, R), (1, 1, 1, 1, R), (2, 0, 0, 2, R), (2, 1, 0, 1, R) \tag{2.8}$$

这些状态分别表示传教士两人、传教士和野人各一个人、野人两人、野人一个人坐小舟移动。如果只有一个传教士乘舟，就会导致 L 侧岸边上的传教士人数少于野人人数，从而进入违反条件的状态。

接下来，我们调查一下按式（2.8）所示状态移动小舟时可能会导致的状态。通过不断地搜索，返回值如图 2.3 所示。

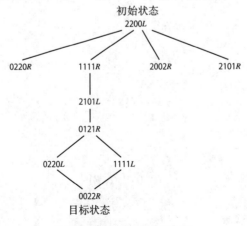

图 2.3　系统性的搜索方法

从图 2.3 中可以看出，从以下状态

$$(2, 2, 0, 0, L) \tag{2.9}$$

到目标状态

$$(0, 0, 2, 2, R) \tag{2.10}$$

有多种选择，我们可以从中找到解决方案。比如说经过以下状态可以到达目标状态。

$$(2, 2, 0, 0, L) \rightarrow (1, 1, 1, 1, R) \rightarrow (2, 1, 0, 1, L)$$
$$\rightarrow (0, 1, 2, 1, R) \rightarrow (0, 2, 2, 0, L) \rightarrow (0, 0, 2, 2, R) \tag{2.11}$$

当然同时也知道除此之外还有其他的解决方案。

应当需要注意的是，从状态

$$(0, 2, 2, 0, R) \tag{2.12}$$

之后没有其他选择，所以只有一种方法，即从这个状态返回以下状态。

$$(2, 2, 0, 0, L) \tag{2.13}$$

从以上的例子可以知道，图结构经常被用于搜索活动。这样状态空间就能够全面地得到可视化的效果。图结构中经常用到的是树结构。树结构被认为是家族图谱，也有"不存在闭环的连接图"这样的严格定义。此外，它还有任意两个节点之间只存在唯一一个连接通道的性质。通过直观的表达形式（见图 2.4），把初始状态放在最上面，然后把可能到达的状态放置在下方并连接。图 2.3 由于存在闭环，因此并不是树结构。

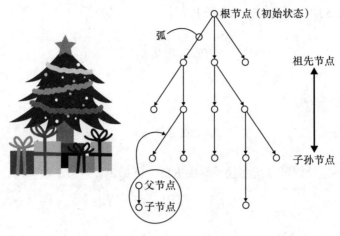

图 2.4 树结构

在这里我们整理一下关于图结构的专门用语。图是由被称为 "节点" 的点，以及连接节点和节点之间的弧（arch 或者 edge）组成的。弧往往是单方向的，也就是说它是有向（directed）的。弧尾节点是弧头节点的 "前驱（predecessor）节点" 或者 "父节点"。反过来说，弧头节点被称为 "子节点"。如果两个节点之间可以相互作为对方的后连接节点，则这个弧具有双向性（bidirectional）。树是图的一种特殊形式，它具有以下两个性质。

1）树具有唯一根节点（root），也就是说具有顶点（top node），根节点以上不存在节点。

2）根节点以外的节点都有自己的唯一父节点。

树具有比图构造更加简洁、更方便使用的优点。特别值得一提的是，从树上的一个节点到达其他任何节点都只有唯一一条路径（path），或者可以说它的特征就是不存在循环结构。接下来的章节会介绍针对图以及树结构的搜索方法。

2.1.2　深度优先搜索

深度优先搜索（depth-first search）是一种往树结构深处搜索的方法。这个方法也被称为"纵向搜索"。使用这种方法时，如果运气好，则可以很快求解，但反过来，如果运气差，则找不到解的可能性也是存在的。以下是这个方法的算法。

Step1　生成包含初始状态 s 的链表（list）$OPEN := (s)$。

Step2　如果 $OPEN$ 为空，则以无解为终结。

Step3　取出 $OPEN$ 里面最前面的状态作为 k，然后从 $OPEN$ 里面去除 k。

Step4　将从 k 出发可以到达的状态作为 k1, k2, …, kl。如果其中存在终点（目标状态空间）则表示"成功"。如果不存在，则 $OPEN := (k1, k2, …kl:OPEN)$，然后返回至 Step 2。也就是说，在 $OPEN$ 的最前面加入 k1, k2, …, kl。

Step5　如果没有可以到达的状态，则返回 Step2。

在这里，$(A:B)$ 表示在链表 A 后面添加链表 B。假设 $A=(1,2,3)$、$B=(a,b,c)$，那么 $(A:B)=(1,2,3,a,b,c)$。所以，以上的算法就是把 k1, k2, …, kl 添加到 $OPEN$ 的首位位置。在这种情况下，$OPEN$ 里的元素会从首位位置被依次取出，越是前面被取出的元素，越要以树的深度作为优先级进行搜索。值得注意的是，从 k 生成 k1, k2, …, kl（也就是依次生成可以到达的状态），被称为扩展节点 k。

是否注意到以上的算法中含有一个 Bug？就是存在再次陷入之前到达过的相同状态的可能性。从而导致不断地兜圈子，无法找到有效解。为了避免出现这种情况，需要准备新的变量 $CLOSED$，然后把 Step3 和 Step4 改为如下所示。

Step3　把 OPEN 的首位状态取出作为 k。把 k 加入 $CLOSED$。然后删除 $OPEN$ 里的 k。

Step4　从 k 可到达的状态定义为 $k1, k2, \cdots, kl$。如果其中有终点（目标状态），则为成功——流程结束。如果没有，则把 $CLOSED$ 和 $OPEN$ 都不包含的状态作为 $k'1, \cdots, k'm$。然后有 $OPEN := (k'1, \cdots, k'm:OPEN)$，并返回 Step2。

这种方法使已经生成的节点不会被加进 $OPEN$。

那么，我们用这种搜索方法试着解决传教士与野人的问题吧。

Step1　初始状态 $s := (2, 2, 0, 0, L)$，然后 $OPEN := (s)$。

Step3　$OPEN := ()$，$k := s$，$CLOSED := (s)$。

Step4　从 $k=s$ 可以到达的状态如下所示。

$$(0, 2, 2, 0, R) = k1 \tag{2.14}$$

$$(1, 1, 1, 1, R) = k2 \tag{2.15}$$

$$(2, 0, 0, 2, R) = k3 \tag{2.16}$$

$$(2, 1, 0, 1, R) = k4 \tag{2.17}$$

以上状态都被添加至 $CLOSED$ 里面，然后

$$OPEN := (k1, k2, k3, k4) \tag{2.18}$$

并返回 Step2。

Step3　$OPEN := (k2, k3, k4)$，$k := k1$，$CLOSED := (k1, s)$。

Step4　虽然从 $k = k1$ 可以到达的可能状态有 s，但它被包含在 $CLOSED$ 里，而不包含在 $OPENED$ 里，所以直接返回 Step2。

Step3 $OPEN := (k3, k4)$, $k := k2$, $CLOSED := (k2, k1, s)$。

Step4   从 $k = k2$ 可以到达的可能状态如下所示。

$$(2, 2, 0, 0, L) = s \qquad (2.19)$$

$$(2, 1, 0, 1, L) = k5 \qquad (2.20)$$

s 被包含在 $CLOSED$ 里，所以只有 $k5$ 添加至 $OPEN$，并返回 Step2。结果如下所示。

$$OPEN := (k5, k3, k4) \qquad (2.21)$$

Step3 $OPEN := (k3, k4)$, $k := k5$, $CLOSED := (k5, k2, k1, s)$。

Step4   从 $k = k5$ 可以到达的状态如下所示。

$$(1, 1, 1, 1, R) = k2 \qquad (2.22)$$

$$(2, 0, 0, 2, R) = k3 \qquad (2.23)$$

$$(0, 1, 2, 1, R) = k6 \qquad (2.24)$$

其中 $k2$ 和 $k3$ 分别包含在 $OPENED$ 和 $CLOSED$ 里，所以不会被采用，从而只有 $k5$ 添加至 $OPEN$。

如果这样的搜索方法一直继续下去，会如图 2.5 所示，在第六次节点扩展的时候可以到达 $(0, 0, 2, 2, R)$。图 2.5 的节点号和 Step4 扩展的节点顺序一一对应。当搜索结束并到达终点以后，S 里还剩下如下状态。

$$(1, 1, 1, 1, L) \qquad (2.25)$$

$$(2, 0, 0, 2, R) \qquad (2.26)$$

$$(2, 1, 0, 1, R) \qquad (2.27)$$

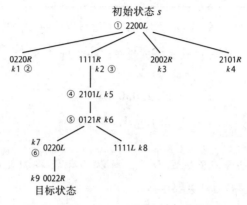

图 2.5　纵向搜索（传教士与野人问题）

从图 2.5 可以看出，深度优先的搜索就是对树结构进行纵向的搜索，因此它被称为"纵向搜索"。纵向搜索的重点在于，如果像 $(0, 2, 2, 0, R)$ 这样后面没有可以到达的状态，就会重新考虑 OPEN 里包含的状态。这时上面的例子就会重新选择状态 $(1, 1, 1, 1, R)$。该动作被称为"回溯"（backtrack），这样就可以从无路可前进的状态中重新恢复过来。关于这一点，将会在 3.1 节中进行详细说明。

在纵向搜索的 Step5 里加入的状态顺序是很重要的。在前面的例子里状态顺序如下所示。

$$OPEN := (k1, k2, k3, k4) \tag{2.28}$$

但如果状态顺序如下：

$$OPEN := (k1, k4, k2, k3) \tag{2.29}$$

则 $k1$ 和 $k4$ 都会发生回溯。如果状态顺序如下所示：

$$OPEN := (k2, k1, k3, k4) \tag{2.30}$$

那么，回溯一次都不会发生。如同上述内容，*OPEN* 里的放置顺序的不同会导致到达终点（得到解）的效率（节点的扩展数）也完全不同。

以上这种现象可能还会导致更严重的问题——无法找到解。想象一下如图 2.6a 所示的情况。从 *s* 可到达 *k1* 和 *k2*。从 *k2* 可以到达终点。但另一方面，从 *k1* 不仅无法到达终点，而且会沿搜索树无限地伸展下去。这个时候，以下的两种顺序会决定性地左右搜索树的性能。

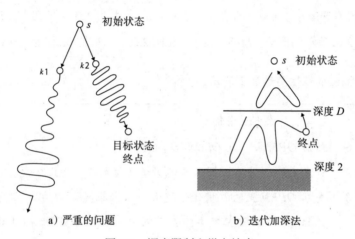

a）严重的问题   b）迭代加深法

图 2.6   深度限制和纵向搜索

$$OPEN := (k1, k2) \tag{2.31}$$

$$OPEN := (k2, k1) \tag{2.32}$$

针对这种问题进行防范的方法就是搜索到一定的深度后强制回溯。在这里，树的深度是指从根节点开始的最短路径距离。比如：

$$根节点 = 深度 1 \tag{2.33}$$

$$根节点的子节点 = 深度 2 \tag{2.34}$$

$$根节点的孙节点 = 深度 3 \tag{2.35}$$

一般来说，节点的深度如下：

$$节点的深度 := （父节点的深度）+1 \qquad (2.36)$$

但如果在图构造上有多个父节点时，则节点的深度如下：

$$节点的深度 := \min\{ 父节点的深度 \}+1 \qquad （2.37）$$

如果各个节点的深度可以定义，那么可以如下实现回溯。第 n 阶段考虑深度为 $n \times D$ 的节点，并在深度为 $n \times D$（D 为进行回溯的深度极限值）时回溯。如果在 *OPEN* 中没有深度小于 $n \times D$ 的节点，则 $n := n+1$ 并进入下一阶段。这保证了即使对于图 2.6a 所示的例子也总能获得解（见图 2.6b）。这种方法称为"迭代加深"。

迭代加深的算法总结如下所示。

Step1　$n := 1$, s 作为初始状态。

　　　　然后 *OPEN* := (s), *CLOSED* := ()。

Step2　如果 *OPEN* 为空，那么就说明该问题无解并终止搜索。

Step3　先从 *OPEN* 里的首端开始搜索，取出深度 $n \times D$ 以下的节点作为 k。从 *OPEN* 里去除 k 后把它加入 *CLOSED*。如果没有这样的节点，则前往 Step5。

Step4　将 k 可到达的节点分别定义为 $k1, \cdots, km$。其中既没有被包含在 *OPEN* 中也没有包含在 *CLOSED* 中的节点定义为 $k'1, \cdots, k'l$。如果 $k'1, \cdots, k'l$ 中有目标状态，则说明到达了终点。如果没有目标状态，则

$$OPEN := (k'1, \cdots, k'l: OPEN) \qquad （2.38）$$

然后返回 Step2。如果没有 k 可达到的节点，则返回 Step2。

Step5　$n := n+1$，然后返回 Step3。

接下来，让我们根据 8 谜题的例子来看看这个搜索过程。8 谜题的规模比

起开始提到的 15 谜题要小。将标号 1 到 8 的滑块放入 3×3 的盒子中，并不断地通过把滑块滑入空白位置（在下面用 x 表示空白位置）来实现目标。

图 2.7 是初始状态为

```
x23
146
758
```

终点状态为

```
123
456
78x
```

的纵向搜索的结果。在这里将 D（进行回溯的深度极限值）赋值为 6。节点号是按照在 Step4 中扩展的顺序生成的（相当于 $k'1, \cdots, k'l$）。也就是说，节点号是按照生成顺序赋予的，有可能与被扩展的节点顺序不同。图 2.7 以如下所示的顺序扩展：

$$1 \to 2 \to 4 \to 6 \to 7 \to 8 \to 5 \to 13 \to 16 \to 17 \to 14 \to 20 \to \cdots \quad (2.39)$$

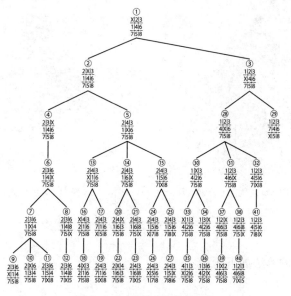

图 2.7　8 谜题（纵向搜索）

从纵向搜索的结果中可以得知，在第 41 个节点中得到了解。

2.1.3 宽度优先搜索

如果搜索顺利，则纵向搜索将快速找到解。但在最坏的情况下，也会导致灾难性的结果。那么，有没有一种更稳定的搜索方法？其中一种有效的方法是宽度优先搜索（width-first search）。在这个方法中，我们检查树的某个级别（深度）处出现的所有节点，然后才会进入下一级（深度）（见图 2.8）。因此，它也被称为"横向搜索"。横向搜索具有以下优点。

1）只要有解，那么肯定能找到解。

2）找到目标的最短路径（解）。

但另一方面，它的缺点就是会占用大量内存资源。树的节点数会随着深度的加深呈现指数级别的增长，但又不得不记住所有这些信息。

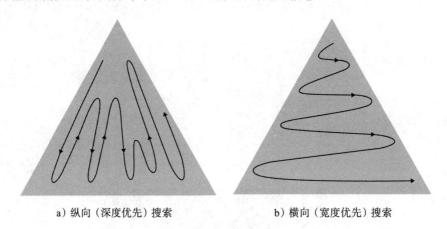

a）纵向（深度优先）搜索   b）横向（宽度优先）搜索

图 2.8 深度优先搜索与宽度优先搜索

横向搜索的算法如下所示。

Step1 $n := 1$, s 作为初始状态。

然后 $OPEN := (s)$, $CLOSED := ()$。

Step2   如果 $OPEN$ 为空，那么就说明该问题无解并终止。

Step3   先从 $OPEN$ 里的首端开始搜索节点。并将其作为 k, 从 $OPEN$ 里面去除 k 后把它加入 $CLOSED$。

Step4   如果有 k 可到达的节点，则分别定义为 $k1$, $\cdots$, km。其中既没有被包含在 $OPEN$ 中也没有包含在 $CLOSED$ 中的节点定义为 $k'1$, $\cdots$, $k'l$。如果 $k'1$, $\cdots$, $k'l$ 中有目标状态，则说明到达了终点。如果没有目标状态，则

$$OPEN := (OPEN{:}k'1, \cdots, k'l) \qquad (2.40)$$

然后返回 Step2。

Step5   如果不存在 k 可到达的节点，则返回 Step2。

在 Step4 中向 $OPEN$ 的末端追加了新的状态，然后从 Step3 的首端取出 k 是十分重要的。根据这个步骤，会从树中比较浅的节点开始一一尝试。

那么，我们再来思考一下传教士与野人的问题。这个问题将以如图 2.9 所示的方式进行搜索。

Step1 $s := (2, 2, 0, 0, L)$ 作为初始状态，然后 $OPEN := (s)$。

Step3 $OPEN := ()$, $k := s$, $CLOSED := (s)$。

Step4   以下是 $k = s$ 可以到达的状态。

$$(0, 2, 2, 0, R) = k1 \qquad (2.41)$$

$$(1, 1, 1, 1, R) = k2 \qquad (2.42)$$

$$(2, 0, 0, 2, R) = k3 \qquad (2.43)$$

$$(2, 1, 0, 1, R) = k4 \qquad (2.44)$$

以上状态都没有被包含在 *CLOSED* 里面，因此

$$OPEN := (k1, k2, k3, k4) \qquad (2.45)$$

然后返回 Step2。

Step3　*OPEN* := (k2, k3, k4)，k := k1，*CLOSED* := (k1, s)。

Step4　虽然从 k=k1 可到达的状态有 s，但这包含在 *CLOSED*，而不是包含在 *OPEN* 里，所以直接返回 Step2。

Step3　*OPEN* := (k3, k4)，k := k2，*CLOSED* := (k2, k1, s)。

Step4　从 k=k2 可到达的状态如下所示。

$$(2, 2, 0, 0, L) = s \qquad (2.46)$$
$$(2, 1, 0, 1, L) = k5 \qquad (2.47)$$

因为 s 被包含在 *CLOSED*，所以只把 k5 添加至 *OPEN*，然后返回 Step2。结果如下：

$$OPEN := (k3, k4, k5) \qquad (2.48)$$

Step4　扩展 k3 可以得到 k5 和 s，但它们都无法添加至 *OPEN* 和 *CLOSED*。接着返回 Step2。

Step4　扩展 k4 获得 s，但无法将其添加至 *OPEN* 和 *CLOSED*，此时

$$OPEN := (k5) \qquad (2.49)$$
$$CLOSED := (s, k1, k2, k3, k4) \qquad (2.50)$$

接着返回 Step2。

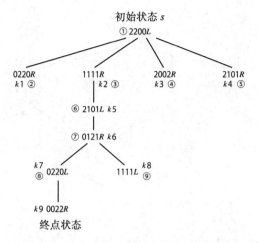

图 2.9　横向搜索（传教士与野人的问题）

接下来我们再看看稍微复杂的 8 谜题。初始状态和终点状态与之前的纵向搜索是相同的，也就是说初始状态为：

```
X23
146
758
```

终点状态为：

```
123
456
78X
```

这种情况下的搜索结果如图 2.10 所示。节点号是扩展生成的节点的顺序。从图 2.10 中可以看出，正确的答案是在第 29 个生成的节点获得的。在横向搜索中，节点生成号（按生成顺序）与节点扩展号相同。也就是说以如下顺序扩展。

$$1 \to 2 \to 3 \to 4 \to 5 \to 6 \to 7 \to 8 \to 9 \to 10 \to 11 \to 12 \to \cdots \quad (2.51)$$

与纵向搜索相比，横向搜索具有更少的扩展节点和较小的深度。但是，横向搜索并非总是更好。

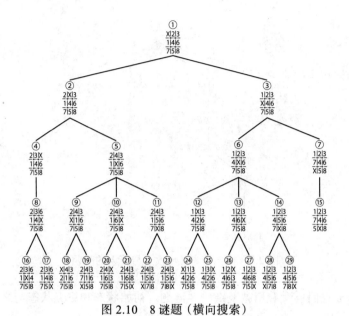

图 2.10　8 谜题（横向搜索）

2.1.4　A* 搜索

纵向搜索和横向搜索都有其优点和缺点，其中一个不一定比另一个优越。两种方法之间的本质区别在于 *OPEN* 中的节点接下来要扩展的选择标准。纵向搜索从 *OPEN* 中新添加的节点开始，而横向搜索从旧节点开始。

那么，我们能不能有一种更加聪明的节点选择方法呢？一种方法是使用特定于问题的知识（启发式，heuristics）并部署可能首先需要的节点。这种方法并不总是成功的。但这种方法通常能够运作良好。这称为启发式搜索方法。A* 算法是其中的代表性方法。

在这里，树的每个节点都被赋予了 f 值。

$$f^*(n) = g^*(n) + h^*(n) \tag{2.52}$$

$g*(n)$ 等于节点 n 的深度 $d(n)$，$h*(n)$ 表示从节点 n 到终点的最小代价（最短路径）。但一般来说，$h*$ 的值是无法提前得知的。所以我们可以给 $h*$ 设定一个界限，就是说对于所有的节点 n 设定如下所示的 h 值。

$$h(n) \leqslant h*(n) \qquad (2.53)$$

然后利用

$$f(n) = d(n) + h(n) \qquad (2.54)$$

对节点进行排序，之后选择 $OPEN$ 中最小的 f 值的节点作为接下来扩展的对象。这种方法被称为"A* 算法"（或者被称为 A* 搜索）。

接下来需要注意的是，如果 $h \equiv 0$（也就是说所有节点 n 的 $h(n)=0$）作为界限，则会变成横向搜索。此外，正如后面会叙述的那样，在 A* 算法里会给 h 设置一个界限值 $h*$，这样就能保证到达终点的路径是最优解。

总结以上的内容，A* 算法如下所示。

Step1　　s 作为初始状态。接着，$OPEN := (s)$，$CLOSED := ()$。

Step2　　如果 $OPEN$ 为空，则表示没有解，然后结束搜索。

Step3　　取出 $OPEN$ 的首端节点并设为 k，然后从 $OPEN$ 里面去掉 k，之后把这个 k 加到 $CLOSED$。

Step4　　将 k 可到达的节点设为 $k1, \cdots, km$。其中既没有被包含在 $OPEN$ 也没有被包含在 $CLOSED$ 的节点定义为 $k'1, \cdots, k'l$。如果 $k'1, \cdots, k'l$ 中有目标状态，则说明到达了终点。如果没有目标状态，则把 $k'1, \cdots, k'l$ 加入 $OPEN$，这个时候，把能使 f 值尽可能小的节点放到前面。然后返回 Step2。

Step5　　如果 k 没有能到达的节点就返回 Step2。

我们可以用 A* 算法测试它在 8 谜题上的效果。在这里的 h 函数采用与终点状态相异的滑块数量。为了达到目标，必须将这些滑块移动到位。因此，该函数就是界限。

8 谜题的初始状态为：

```
X23
146
758
```

终点状态为：

```
123
456
78X
```

初始状态中 X、1、4、5、8 的位置相异。因此 h(初始状态) 为 5，此外由于初始状态是根节点所以 g(初始状态) 为 1，

$$f(初始状态) = 5 + 1 = 6 \qquad (2.55)$$

用 A* 算法搜索的结果如图 2.11 所示。图 2.11 中，每个节点的下面都写着 f 值。生成的节点顺序号用带圆圈的号表示。在这里，第 10 个生成的节点可以到达到终点。

```
2X3
146
758
```

的节点（第 2 个得到的状态）的 f 值是 8，比其他节点的 f 值大，所以就不继续往下搜索了。

如此这般，A* 算法是抱着解决问题的知识优先搜索有希望的方向，是一种能够高效解决问题的方法。关于 A* 算法，已经被证明具有以下的性质。

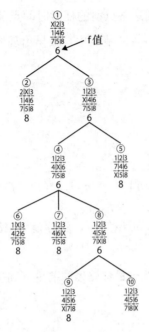

图 2.11　8 谜题（A* 算法）

如果存在从初始状态到达目标节点的路径，那么 A* 算法不仅能够到达终点，而且还能找到最优解。

让我们稍微非正式地证明这一点。

1）对于有限图，A* 通常会有终点。

2）对于无限图，如果新的节点被永远地追加进 *OPEN* 里，*OPEN* 里的节点的 f 值中的最小值将无限增大。该结论我们可以从以下公式得知。

$$f(n) \geqslant d(n) \qquad\qquad (2.56)$$

在这里，$d(n)$ 是节点 n 的深度。

3）用 "$s=n0, n1, \cdots, nk=$终点" 表示从 s 到达终点节点的最佳路径。这个时候对于 A* 算法来说，到达终点前的任意时间点的 *OPEN* 里必然存在以上这些节点。在此处，*OPEN* 包含的节点中，最早出现的节点将作为 n'。这个时候就会

$$f(n') \leq f^*(s) \qquad (2.57)$$

之所以会这样，那是因为

$$f(n') = g^*(n') + h(n') \leq g^*(n') + h^*(n') = f^*(n') = f^*(s) \qquad (2.58)$$

4）从以上的 3）和 2）可以知道，就算是无限图，A* 算法依然可以找到终点。

5）假设 A* 算法在没找到最佳路径的前提下到达终点，那么我们把终点节点设为 t。这个时候就会有

$$f(t) = g(t) > f^*(s) \qquad (2.59)$$

但如上所述，对于 *OPEN* 来说，在到达终点之前，最佳路径上存在着满足以下条件的 n'。

$$f(n') \leq f^*(s) < f(t) \qquad (2.60)$$

这个时候，A* 算法会比 t 更偏向于选择 n' 而产生矛盾。从而会使 A* 算法最终找到最佳路径。

A* 算法包含 A1 和 A2 两种具体算法，它们分别如下所示，并具有评价函数。

$$f_1(n) = g_1(n) + h_1(n) \qquad (2.61)$$
$$f_2(n) = g_2(n) + h_2(n) \qquad (2.62)$$

在这里 h_1 和 h_2 都是 h^* 的界限值。如果对于目标节点以外的所有节点 n 存在着 $h_2(n) \geq h_1(n)$，则表示算法 A2 比算法 A1 "更有见识"（more informed）。请回想一下，h 的上限值被 h^* 抑制着。从中可以知道，h 值越大则越接近 h^*，更加能够反映正确的启发式信息。然后以下信息也被证明了。

> A1 和 A2 都是 A * 算法，A2 比 A1 更有见识。当搜索中具有从 s 到目标的路径时，由 A2 扩展的节点被 A1 扩展。因此，由 A1 扩展的节点数大于由 A2 扩展的节点数。

以上情况的总结如下所示。

1）A* 算法的能力依赖于启发式函数 h。
2）$h \equiv 0$ 的情况依然可以保证这个算法的可容许性，但它会变成横向搜索，而且通常会效率低下。
3）如果将 h 尽可能设置为最高并且在界限值以下，则可以在保持可容许性的同时减少要扩展的节点数。

有时候还可以使用不低于 h^* 的界限的函数 h，牺牲一定的从而提高启发式搜索能力。

往往这种方式可以快速地解决困难的问题。

比如说我们可以考虑刚才的 8 谜题的例子。之前将把 f 值设置为：

$$f(n) = d(n) + h(n) \qquad （2.63）$$

但是，$h(n)$ 仍然是没有正确放置的滑块的数量。然后针对这个情况再设为：

$$f(n) = d(n) + p(n) \qquad （2.64）$$

在这里，$p(n)$ 是各个滑块离正确位置的距离之和（无视这之间的滑块的存在）。

$p(n)$ 的可容许性（低于界限值）之所以没办法满足，是因为 2 个以上的滑块移动是无法独立的。

这个时候，对初始状态为：

```
243
1X6
758
```

然后终点状态设为：

```
123
456
78X
```

的 8 谜题进行搜索。图 2.12 表示使用了 2 种 f 值的搜索结果。从图 2.12 中可以知道使用式 (2.63) 的 f 值需要生成 20 个节点才能找到终点状态（见图 2.12a），如果使用式 (2.64)，则扩展到 18 个节点就结束搜索了（见图 2.12b）。这种差异可能看起来微不足道，但可以找一个更难的初始状态：

```
123
654
87X
```

并将目标状态设为：

```
123
456
78X
```

这个时候使用式 (2.63) 会生成 5781 个节点，然后通过长度为 21 的路径找到终点。使用式 (2.64) 可以在相同路径长度的情况下，生成 1662 个节点就找到终点。

接下来我们试着在相同条件下解决各种尺寸的滑块谜题。结果如表 2.1 所示。这些分别是 3×3、4×3、4×4 的滑块谜题，它们的初始排列显示在最左边的列中。目标是从左上角到右下角的对齐排列。正如我们所料，A* 搜索比横向搜索表现更好。纵向搜索几乎就像随意猜测一样，表现很差。另一方面，迭代加深显著改善了纵向搜索的性能。

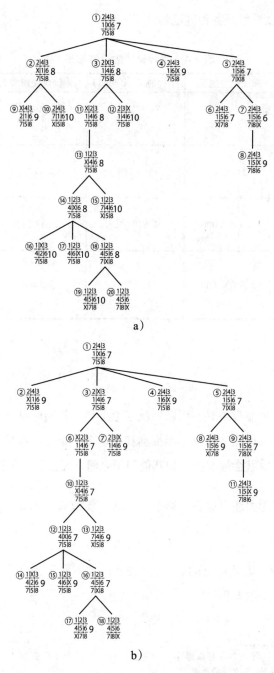

a)

b)

图 2.12   两种 A* 搜索（8 谜题）

表 2.1 是尝试着解开各种谜题的结果。

表 2.1　滑块谜题的搜索结果

问题	深度优先搜索	迭代加深（$d = 10$）	宽度优先搜索	A* 搜索
X 2 3 / 1 5 6 / 4 7 8	9	9	45	14
1 3 2 / 4 5 6 / 8 7 X	247 940	155 250	87 063	2450
1 3 2 4 / 6 5 7 8 / 9 X 10 11	≥ 3 000 000	2 620 013	210 280	2968
2 1 3 4 / 5 7 6 8 / 9 10 11 12 / X 13 14 15	≥ 3 000 000	277 718	≥ 3 000 000	13 271

2.2　推箱子

推箱子是一种益智游戏，可以使玩家上下移动的同时推动和移动箱子，并将所有箱子移到目标点。玩家不能推动和移动多个箱子。如果玩家没有把它推到适当的位置，玩家会被困在墙和其他箱子之间，无法将箱子移到目标点。

在这里我们把关注点放在"箱子的移动次数"（箱子移动一个格子的消耗代价为 1）[⊖]。

为了进行对"无路可走的状态的判断"，如下所示找到"玩家在不推箱子的情况下可以移动的范围"。

⊖　通常，最佳解决方案是以最小步数达到目标，但是为了限制基于可移动范围的搜索方
式，而采用箱子移动的数量。

1）贴上标签以表示当前玩家的位置可以移动。

2）在标签周围的 4 个方格中对尚无标签的可移动方格进行标记。

3）递归执行上述操作，直到没有附加标签。

在以下条件下，A＊搜索中使用的启发式函数具有最小代价。

- 玩家可以在墙上或箱子中移动
- 箱子可以重叠
- 允许将多个箱子放在同一目标上

这是对于所有箱子到达目标点最近路径的总和（只考虑墙）。在初始状态下可以通过查找除墙以外的每个方格到最近目标点的路程，轻松找到任何节点的启发式函数值。此外，这样可以减轻推箱子的限制条件，请注意给它赋予代价界限。也就是说，可以用 A＊ 算法获得最优解。

为了有效地搜索，我们将"无路可走"的节点的启发式函数值设置为无限大。"无路可走"的节点的判断步骤如下所示。

Step1	搜索可移动范围。
Step2	将玩家移动一步就可以推的箱子转换为空白。
Step3	剩下的就是无法推动的箱子。如果箱子不是在目标点上方，那就是无路可走。
Step4	再次搜索可移动区域，以找到玩家和箱子都不能到达的区域。
Step5	只要这个区域有一个目标点，那就表示无路可走。

有些无路可走的状态无法通过这种方式找到。但是，通过减少检测到的无路可走状态，可以简化搜索过程。

我们尝试着解开推箱子问题（见图 2.13）。宽度优先搜索和迭代加深搜索都以最小代价 6（相同路线）达到目标点。对于宽度优先搜索，生成的节点数为 21，对于迭代加深搜索，生成的节点数为 20。

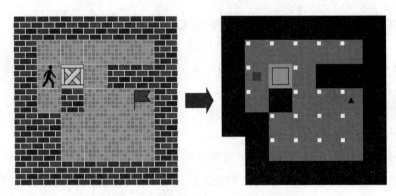

- 小四边形为玩家，三角形表示目标点，双重四边形为箱子。
- 玩家的可移动区域的左上角有一个白色标记
- 到达目标点的玩家和箱子的颜色会变深

图 2.13　推箱子的例子

在这里，用 b 表示树的分支数（行动的种类），用 d 表示树的深度的话，可以用 b^d 来表示树结构的规模。在上述推箱子例子中 $d=6$。使用宽度优先搜索的情况下 $b^d=21$，那么 $b=1.66$；使用迭代加深搜索的情况下 $b^d=21$，那么 $b=1.65$。推动箱子的方向最多有 4 个（上下左右）。但实际上会存在只能往一个方向推的情况。因此，这个值大致合理。此外，使用 A* 搜索也可以通过大致相同的路径到达目标点（最小代价为 6，生成 16 个节点）。这种情况下 $b=1.51$。

另外，我试图解决各种推箱子的初始状态，并把这些结果都总结在表 2.2 中。从表 2.2 可以观察到，某种程度的简单问题中，扩展的节点数会以宽度优先、深度优先、A* 搜索这样的顺序越来越少。但一旦问题变得复杂，宽度优先和深度优先的算法计算将看不到终点。A* 搜索不管是在空间计算量还是在事件计算量上明显比其他两者要小很多。虽然，平均行动种类（分支数）b 都小于 2，这是表示平均选择分支少于 2。就是说越是复杂的问题，可能碰到无路可走的状态的概率越高。

表 2.2   推箱子的比较结果

问题			
步数	6	9	16
宽度优先搜索	通过 21 个节点结束搜索 b=1.66	通过 253 个节点结束搜索 b=1.85	通过 675 个节点结束搜索 b=1.50
迭代加深搜索	通过 20 个节点结束搜索 b=1.65	通过 53 个节点结束搜索 b=1.55	通过 972 个节点结束搜索 b=1.53
A* 搜索	通过 12 个节点结束搜索 b=1.51	通过 64 个节点结束搜索 b=1.59	通过 142 个节点结束搜索 b=1.36
问题			
步数	44	29	33
宽度优先搜索	（内存不足）	通过 19 747 个节点结束搜索 b=1.33	通过 4450 个节点结束搜索 b=1.29
迭代加深搜索	（深度 10 的时候内存不足）	（深度 21 的时候内存不足）	通过 22 689 个节点结束搜索 b=1.36
A* 搜索	通过 42 561 个节点结束搜索 b=1.27	通过 2461 个节点结束搜索 b=1.31	通过 937 个节点结束搜索 b=1.23

2.3 数字连线

数字连线是一种在游戏盘上把相同的数字连接的益智游戏（见图 2.14）。更详细的规则如下所示。

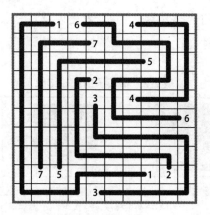

图 2.14 数字连线

- 在白色方块上画一条线并连接相同的数字。
- 线以垂直和水平方向穿过方块中心。此时线之间不能交叉或分叉。
- 线不能穿过一个包含数字的方块。
- 不能在一个正块中绘制两条或更多条线。

人们常说这个游戏不能用完美的逻辑来解决，所以你必须依靠自己的直觉，这一点会让人觉得这个游戏变得越来越有趣。

树中的每个节点（部分）线保持拓展状态以便使用 AI 进行搜索。 扩展节点相当于将线向可能的方向延长一个单位。

A* 搜索的启发式函数是各数字或从数字出来的线（延长线）的末端点和始端点之间的曼哈顿距离[⊖]的总和。也就是说，要计算用于连接数字的延长线的长度（要填充的方块数量），计算方法如下所示。

- 如果在一组数字中，哪边都没有伸出线的时候：
  数字之间的曼哈顿距离减 1。

⊖　有两个位置坐标分别为 (x_1, y_1)、(x_2, y_2)，这个时候它们的曼哈顿距离为 $|x_1-x_2|+|y_1-y_2|$。

- 如果在一组数字中，只有其中一个数字有伸出线：

  那么没有伸出线的数字的位置和伸出线的线头的曼哈顿距离不变。

- 如果一组数字中两边都有线伸出：

  那么两边线头（端点）的曼哈顿距离加 1。

找到它们的总和并使其成为启发式函数的值。

各种问题的实验结果如表 2.3 所示。在宽度优先搜索中，总是能获得最短路径作为解决方案，但是如果游戏盘较大并且自由空间增加时，则节点扩展的数量将爆炸性地增加。在深度优先搜索中，游戏盘越小，扩展节点的数量越少，但该结论的有效性取决于数字的位置。A* 搜索总是比宽度优先搜索具有更少的扩展节点。更好地设计启发式函数将使效率更高。

表 2.3   数字连线的搜索结果

问题	深度优先搜索	宽度优先搜索	A* 搜索
1 1	7	7	7
1 1 / 2 2	85	31	25
1 / 1	34	163	43
1 / 1	88	160	43
1 1	55	55	43
1 1 / 2 2 3 / 3	439	17 248	73
1 / 2 2 / 1	1192	33 844	70
1 3 / 2 2 / 1 3	28 033	2 805 115	94

2.4 日式华容道

"盒子里的女儿"（日式华容道）是如图 2.15 所示在平面板上移动滑块的一种游戏。这个益智游戏要求玩家通过将矩形或正方形滑块移动到空白位置，最终把"女儿"（娘）这个滑块（2×2 大小的正方形）从最底下的出口移出。"盒子里的女儿"这个游戏会因为女儿滑块的初始位置的不同，难度会有很大的差异。

推导这个游戏到达终点的步数并不容易。因此，处在女儿滑块下方的滑块面积的平方和被用作启发式函数。

表 2.4 显示了如图 2.15 所示的布局的搜索结果。

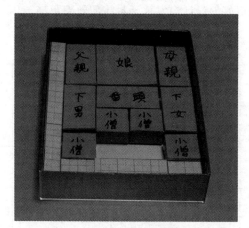

图 2.15 盒子里的女儿（问题 1）

表 2.4 盒子里的女儿的搜索结果（1）

搜索方法	节点生成数	搜索时间（秒）
深度优先搜索	6376	0.34
宽度优先搜索	23 954	1.52
A* 搜索	16 402	3.69
完全随机搜索	417 352	3.71

深度优先搜索是一种简单有用的方法，来确定问题是否可以解决。但是，要找到最小移动次数，需要依赖宽度优先搜索或 A * 搜索。假设将一个滑块移动一格的动作作为一次计数。作为搜索的结果，可以看出图 2.15 中的最小移动次数是 116 [⊖]。

我们试着考虑一下如下所示的另一种启发式函数。

1）h_1：除了女儿滑块以外的滑块都是 1×1 大小时的最少移动次数。
2）h_2：把女儿滑块距离终点的距离放大至 20 倍的值。

在滑块大小为 2×1 或 1×2 时可能存在着更少移动次数的解，所以 h_1 并不能保证界限值。由于图 2.15 的问题的最少移动次数为 81，所以像 h_2 那样设为距离的 20 倍。

在这里，表 2.5 表示了针对图 2.15 至图 2.17 的问题所采用的各种搜索方法时的扩展节点数。当节点数超过 10 000 000 时就中断搜索。我们意外地发现纵向搜索针对这个问题发挥很好的性能。虽然 A* 搜索的结果远远超出了启发式算法的界限值，但成绩还算不错。

图 2.16　盒子里的女儿（问题 2）

⊖　如果移动两格也被计数一次的话，那么最短移动次数是 81。

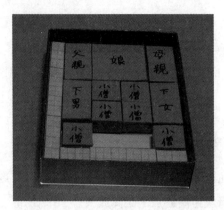

图 2.17　盒子里的女儿（问题 3）

表 2.5　盒子里的女儿的搜索结果（2）

	纵向搜索	迭代加深搜索（d=10）	横向搜索	A*h_1	A*h_2
问题 1（图 2.15）	180 949	≥ 10 000 000	≥ 10 000 000	≥ 10 000 000	6 993 516
问题 2（图 2.16）	4 093 760	≥ 10 000 000	≥ 10 000 000	3 431 036	2 420 014
问题 3（图 2.17）	2 233 212	3 166 038	298 161	1 295 737	1 910 303

如上所述，在"盒子中的女儿"游戏中很难估计到达目标的移动次数。因此，还提出了使用模式学习的估计方法[18]。

2.5　孔明棋

孔明棋是通过以下的规则来取走棋盘上的棋子。

- 当一个棋子垂直或水平排列并且旁边没有任何其他棋子时，将棋子跳过邻近的棋子。
- 从棋盘上取走被跳过的棋子。

• 无法跳过两个以上的棋子。

这个游戏的目标就是在棋盘上只留一个棋子。最好的方案就是在中央留下一枚棋子。表 2.6 展示了几个例题。一般标准的模式就是除了棋盘中央的位置以外，其他的地方都铺满棋子。表 2.6a 里面白色圆表示空白的位置，除此之外的黑色圆表示初始的棋子位置。有以只在中央的（白色圆）位置放置棋子的最终目标。除此之外，还有把最终棋盘上的形状变成十字架（见表 2.6b）、正方形（见表 2.6c）这样的难题。

表 2.6   孔明棋的问题

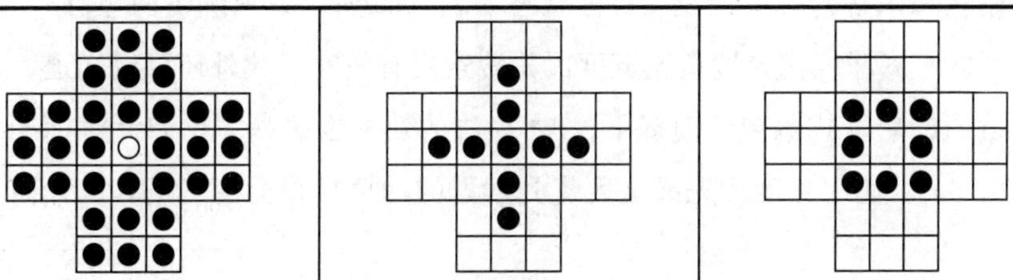

| a）标准问题 | b）十字架 | c）正方形 |

作为一种启发式函数，仅仅考虑最终布局与当前棋盘布局之间的差异是不够的。例如，考虑以表 2.6a 为最终布局。在这种情况下，接近最终布局的棋盘的中心附近应该分布着棋子。因此，对于剩余的棋子，在如图 2.18 所示的位置，以如下权重值之和计算启发式函数。

• ● 的位置的权重值为 1。
• △ 的位置的权重值为 2。
• ■ 的位置的权重值为 3。

这个权重值需要根据最终布局进行改变，因此需要根据不同的问题设置不同的值。

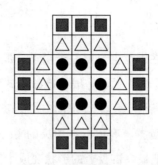

图 2.18   孔明棋的启发式函数值

表 2.7 表示了在各种场景中使用这种方法的搜索结果。在这里，我们用各种初始状态来解开标准问题（目标状态如表 2.6a 所示，只剩下白色圆）。从结果中可以看到深度优先搜索比宽度优先搜索更有效率。此外还可以知道，在设置了适当的启发式函数的前提下，A* 算法的效率也很高。比如针对标准问题（见表 2.6a），使用深度优先或宽度优先搜索的计算量将会变得极其巨大而无法执行。

表 2.7   孔明棋的搜索结果

问题	深度优先搜索	宽度优先搜索	A* 搜索	到达终点需要的步数
	917	10 149	622	14
	16 542	450 148	751	20
	NA	NA	6095	32

2.6　尝试用数学知识解决数独问题

数独是一种在 9×9 格子的棋盘上，通过以下条件填充 1 ~ 9 数字的益智游戏（见图 2.19）[⊖]。

- 同一列和同一行不能出现相同的数字。
- 在 9×9 格子的棋盘上，分成 9 个 3×3 的模块，一个模块中不可以放入相同的数字

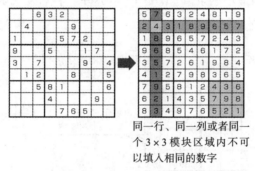

同一行、同一列或者同一
个 3×3 模块区域内不可
以填入相同的数字

图 2.19　一个数独的例子

一方面，如果通过纵向搜索解决数独问题，它会对没有出现矛盾前的所有内容进行搜索。另一方面，如果你选择使用横向搜索会通过排除候选项的方式，最终找到答案。由于数独在一个格子里总有候选项，所以我认为可以用纵向搜索来高效地解决问题。

此外，解决数独问题是有些技巧的。例如，通过使用已填充的数字作为约束条件并合并起来，然后把只有一个候选项的空白格子先填好[⊖]。以下的搜索就使用此方法来减少节点扩展的数量。

⊖　除了 9×9 以外，还有 4×4 以及 6×6 格子的数独问题。这些分别被称为 "shidoku" 和 "rokudoku"。

⊖　参考 http://funahashi.kids.coocan.jp/game/game65hlp.html。该技巧被称为 "预留座位" 和 "隐现"。

为了求得 A* 搜索的启发式函数，需要考虑使用最小剩余值（minimum remaining value）方法。这个方法是从限制条件最严格的格子开始填充。我们来看看图 2.20。对于右上角的格子来说，它所在的行上已经使用了 1 和 2，然后它所在的列上已经使用了 3。也就是说，满足这些限制条件的只有 4（剩余值是 1）。另外，最下面的格子的行和列都没有被填写任何数字，即 1、2、3、4 都可以被用来填写，那么满足限制条件的选择项有 4 个（剩余值是 4）。也就是说，为了让剩余值变小应该优先填充右上角的格子。对于图 2.20 的状态，剩余值的最小值（即最小剩余值）就是 1。在这里，将启发式函数值设置为所有格子的剩余值的和。

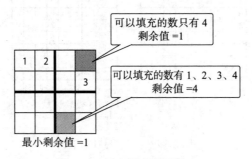

图 2.20　最小剩余值是什么

表 2.8 展示了多种问题。一方面，数独的尺寸越大，宽度优先搜索和深度优先搜索的节点扩展数会指数级地增加。另一方面，数独的尺寸不管变得多大，A* 搜索的节点数不会增加太多，这就是使用启发式函数的好处。

此外，我们还从专门提供数独问题的网站[⊖]随机抽取 100 个问题，并计算把所有问题的格子填满的扩展节点数的平均值（标准偏差）。计算后，深度优先搜索的结果是 272.64（705.37），A* 算法的结果是 28.70（40.63）。宽度优先搜索由于内存不足的原因有半数问题无法解开。

㊀　http://homepage3.nifty.com/funahashi/game/game651.html。

表 2.8　数独的搜索结果

问题	深度优先搜索	宽度优先搜索	A* 搜索

<pre>1 5 0 0 4 0
2 4 0 0 5 6
4 0 0 0 0 3
0 0 0 0 0 4
6 3 0 0 2 0
0 2 0 0 3 1</pre>
	78	23	21

<pre>0 0 0 0 4 0
5 6 0 0 0 0
3 0 2 6 5 4
0 4 0 2 0 3
4 0 0 0 6 5
1 5 6 0 0 0</pre>
	48	20	20

<pre>0 0 0 8 4 0 6 5 0
0 8 0 0 0 0 0 0 9
0 0 0 0 5 2 0 1
0 3 4 0 7 0 5 0 6
0 6 0 2 5 1 0 3 0
5 0 9 0 6 0 7 2 0
1 0 8 5 0 0 0 0 0
6 0 0 0 0 0 0 4 0
0 5 2 0 8 6 0 0 0</pre>
	1932	939	49

<pre>0 0 2 0 3 0 0 0 8
0 0 0 3 0 8 0 0 0
0 3 1 0 2 0 0 0 0
0 6 0 0 5 0 2 7 0
0 1 0 0 0 0 0 5 0
2 0 4 0 6 0 0 3 1
0 0 0 8 0 6 0 5
0 0 0 0 0 0 0 1 3
0 0 5 3 1 0 4 0 0</pre>
	285 352	16 427	410

接下来，我们试着解决"没有线索的数独"[⊖]问题 [2]。这种数独问题的规则如下所示。

- 对于 $N \times N$ 的棋盘格，各行各列都填充 1 到 N 的数字，各行各列不重复数字。
- 被粗线包围的区域内的数字总和要相同。

比如图 2.21 中的问题 1（左边图）的答案如图 2.21 的右边图所示。

⊖ "没有线索的数独"问题称为"killer sudoku"。

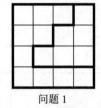

4×4 的单元格分裂成
两个区域：总和 20

问题 1   问题 1 的答案

图 2.21　没有线索的数独（1）

当人类真正解决这个难题时，他们会按顺序填充数字。但是，如果按原样进行机械性地搜索，则需要扩展的节点数将变得非常大，并且效率不高。因此，每次填充一个数字时，都会确认适合填充的数字。例如，如果一行中只有一个格子没有被填充，那么该格子可以填充的数字是确定的。考虑以下两个启发式函数。

- h_1：空白格子数 ÷5
- h_2：总的空白格子数减去可以确定数字的格子数的值

在确认填充的数字时，一次最多只能确认 4 个格子。所以 h_1 函数被认为是界限值。另一方面，虽然 h_2 不符合界限值的条件，但它可以让启发式函数更加精细化。使用这些方法的搜索结果如表 2.9 所示（问题见图 2.21 和图 2.22）。

表 2.9　没有线索的数独问题的探索结果

	深度优先搜索	深度加深搜索	宽度优先搜索	A*：h_1	A*：h_2
问题 1 （N=4，区域数 =2）	143	139	355	353	209
问题 2 （N=5，区域数 =5）	10 815	11 889	11 874	11 796	2321
问题 3 （N=6，区域数 =9）	109 021	127 260	126 414	126 414	47 000
问题 4 （N=6，区域数 =9）	3933	13 905	16 672	16 398	8134
问题 5 （N=5，区域数 =3）	2031	2939	2941	2891	301

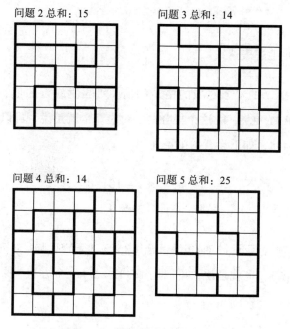

问题 2 总和：15　　　问题 3 总和：14

问题 4 总和：14　　　问题 5 总和：25

图 2.22　没有线索的数独（2）

虽然宽度优先搜索的结果不如 h_1 的 A* 搜索，但大多数的情况没有什么区别。

这大概是因为 h_1 的知识不够丰富。另一方面，h_2 的 A* 搜索没有满足界限值，但搜索结果不错。也就是说，虽然 h_2 舍弃了最优化，但却高效地解决了问题。由于这些问题的搜索深度都有限制，所以深度优先搜索的结果不算糟糕。

数独是世界上流行的一种解谜游戏，各种数学相关的研究也被开展 [45]。最近，还提出了使用代数方法求解数独的方式。这其实是使用代数表达式来表示数独问题的约束条件，并使用 Gröbner（格拉布纳）基证明技术来获得解决方案。还有一些研究使用 Gröbner 基来确定数独难度并生成问题的研究 [4]。关于代数方法研究，请参考文献 [5] 和 [6]。

作为案例，看一下图 2.23 的 4×4 的数独。每个格子填充的数（w）是 1、2、3、4 中的一个。将这种情况用如下所示的代数表达式表示：

$$(w-1)(w-2)(w-3)(w-4) = 0 \qquad (2.65)$$

16个格子都满足上述表达式。

或者，把 2×2 的 4 个区域的格子的值（列的值或行的值）设为 $\{w, x, y, z\}$，那么就会和 $\{1, 2, 3, 4\}$ 这个集合一一对应。也就是说，可以不重复的选择 1、2、3、4。为此，如下设置约束条件：

$$w + x + y + z - 10 = 0 \qquad (2.66)$$

$$wxyz - 24 = 0 \qquad (2.67)$$

2×2 的数独问题要满足 12 种位置组合（2×2 的 4 个区域、4 列、4 行，参照图 2.23 的左边图）。也就是说，可以用 $16 + 12 \times 2 = 40$ 个方程式来表示这个数独问题。

图 2.23 的右边图这样的问题，还会有如下所示的约束。

$$x_3 - 4 = 0 \qquad (2.68)$$

$$x_4 - 4 = 0 \qquad (2.69)$$

$$x_6 - 2 = 0 \qquad (2.70)$$

$$x_9 - 3 = 0 \qquad (2.71)$$

$$x_{11} - 1 = 0 \qquad (2.72)$$

$$x_{12} - 1 = 0 \qquad (2.73)$$

参考如下配置。

x_0	x_1	x_2	x_3
x_4	x_5	x_6	x_7
x_8	x_9	x_{10}	x_{11}
x_{12}	x_{13}	x_{14}	x_{15}

图 2.23 的右图的数独问题可以通过解开 46 个方程式来获得答案。

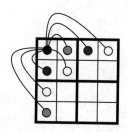 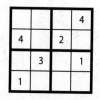

图 2.23　数独的约束

例如，我们使用 Gröbner 基解决问题。图 2.24 显示了使用数学表达式处理程序（Sage）的执行过程。此时获得的 Gröbner 基是一个非常大的表达式（拥有多页的多项式），如图 2.24 的下半部分所示（图中省略了大部分）。一旦有了 Gröbner 基，就可以轻松地得出变量之间的约束条件和可解决条件。结果，可以找到满足数独约束条件的解（整数值）。有关使用此方法的来解决数独问题的详细信息请参考文献 [46]。

```
In [37]:   syms = slv . symbols
           cond=dict ([( syms[ 0, 3],   4),  ( syms[ 1, 0],   4),  ( syms[ 1, 2],   2),  ( syms[ 2, 1],   3),  ( syms[ 2, 3],   1),  ( syms[ 3, 0],   1)])
           slv . fit ( cond)
           slv . print_sols ()

           input was:              solution is:
           - - - 4                 3 2 1 4
           4 - 2 -                 4 1 2 3
           - 3 - 1                 2 3 4 1
           1 - - -                 1 4 3 2

In [635]:  tuple ( slv . G)

Out[635]:  (-x0^3*x1^2*x2*x4 - 1/2*x0^3*x1^2*x2*x8 - 1/2*x0^3*x1^2*x4*x8 + x0^3*x1^2*x6*x8 + 1/2*x0^3*x1^2*x2*x9 - 1/2*x0^3*x1^2*x4*x9 - x0^3*x1^2*x4*x10 + 5/2*x
           0^3*x1^2*x2 + 15/2*x0^3*x1^2*x4 + 5*x0^3*x1^2*x4 + 15/2*x0^2*x1^2*x2*x4 - 5/2*x0^3*x1^2*x6 + 5/2*x0^3*x1^2*x8 + 5/2*x0^3*x1*x
           4*x8 + 15/4*x0^2*x1^2*x4*x8 - 5*x0^3*x1*x6*x8 - 15/2*x0^2*x1^2*x6*x8 - 5/2*x0^3*x1^2*x9 - 15/4*x0^2*x1^2*x2*x9 + 5/2*x0^3*x1*x4*x9 + 15/4*x0^2*x1^2*x
           4*x9 + 5/2*x0^3*x1*x4*x10 + 5*x0^3*x1*x4*x10 - 15/2*x0^2*x1^2*x4*x10 - 249/20*x0^3*x1^2*x2 - 493/40*x0^3*x1^2*x4 - 747/40*x0^2*x1^2*x4 - 1497/40*x0^3*x1*x4
           - 281/5*x0^2*x1^2*x4 - 19/5*x0^3*x2*x4 - 187/5*x0^2*x1*x2*x4 - 327/20*x0*x1^2*x2*x4 + 503/40*x0^3*x1*x6 + 757/40*x0^2*x1^2*x6 + 1/8*x0^3*x1*x8 + 1/8*x
           0^2*x1^2*x8 - 39/20*x0^3*x2*x8 - 749/40*x0^2*x1*x2*x8 - 163/20*x0*x1^2*x2*x8 - 39/20*x0^2*x2*x8 - 749/40*x0^2*x1^2*x8 - 749/40*x0^2*x1*x4*x8 - 163/20*x0*x1^2*x4*x8 + 3/40*x
           0^2*x2*x4*x8 + 1/10*x0*x1^2*x2*x4*x8 + 3/20*x1^2*x2*x4*x8 + 153/40*x0^3*x6*x8 + 1499/40*x0^2*x1^2*x6*x8 + 82/5*x0*x1^2*x6*x8 + 1/8*x0^3*x1*x9 + 1/8*x0^2*x
           1^2*x9 + 79/40*x0^3*x2*x9 + 94/5*x0^2*x1*x2*x9 + 41/5*x0*x1^2*x2*x9 - 37/20*x0^3*x4*x9 - 747/40*x0^2*x1^2*x4*x9 - 41/5*x0*x1^2*x4*x9 + 1/8*x0^2*x2*x4*x
           9 - 493/40*x0^3*x1*x10 - 371/20*x0^2*x1^2*x10 - 153/40*x0^3*x4*x10 - 1499/40*x0^2*x1*x4*x10 - 82/5*x0*x1^2*x4*x10 + 483/8*x0^3*x1 + 183/2*x0^2*x1^2*x
           *x2*x4 - 39/4*x0^3*x6 - 761/8*x0^2*x1*x6 - 335/8*x0*x1^2*x6 - 1/8*x0^3*x8 - 13/8*x0^2*x1*x8 - 7/8*x0*x1^2*x8 + 115/8*x0^2*x2*x8 + 323/8*x0*x1*x2*x8 +
           35/8*x1^2*x2*x8 + 115/8*x0^2*x4*x8 + 323/8*x0*x1*x4*x8 + 35/8*x1^2*x4*x8 - 229/8*x0^2*x6*x8 - 655/8*x0*x1*x6*x8 - 655/8*x1^2*x6*x8 - 39/4
           x1^2*x6*x8 - 5/8*x0^3*x9 - 15/8*x0^2*x1*x9 - 5/8*x0*x1^2*x9 - 61/4*x0^2*x2*x9 - 165/4*x0*x1*x2*x9 - 39/8*x1^2*x2*x9 + 107/8*x0^2*x4*x9 + 325/8*x0*x1*
           x4*x9 + 39/8*x1^2*x4*x9 - 5/8*x0*x2*x4*x9 + 73/8*x0^3*x10 + 731/8*x0^2*x1*x10 + 40*x0*x1^2*x10 + 229/8*x0^2*x4*x10 + 655/8*x0*x1*x4*x10 + 655/8*x1^2*x4*x10
           x10 - 339/8*x0^2*x6 - 5/8*x0*x1*x6 - 25/8*x1^2*x6 - 196*x0*x1*x2 - 1679/8*x0^2*x4 - 2431/4*x0*x1*x4 - 285/4*x1^2*x4 -
           115/2*x0^2*x4 - 45*x1*x2*x4 + 147/2*x0^2*x6 + 841/4*x0*x1*x6 + 25*x1^2*x6 + 2*x0^2*x8 + 15/2*x0*x1*x8 - 119/4*x0^2*x8 - 21*x1*x2*x8
           119/4*x0^2*x8 - 21*x1*x4*x8 + 7/4*x2*x4*x8 - 259/4*x0^2*x6*x8 + 97/2*x1*x6*x8 + 27/4*x0^2*x9 + 119/4*x0^2*x4*x9 + 49/2*x1*x2*x
           *x9 - 111/4*x0*x4*x9 - 24*x1*x4*x9 + 1/2*x2*x4*x9 - 541/8*x0^2*x10 - 787/4*x0*x1*x10 - 47/2*x1^2*x10 - 249/4*x0*x4*x10 - 97/2*x1*x4*x10 + 2425/8*x0^2
           + 3705/4*x0*x1 + 215/2*x1^2 + 130*x0*x2 + 1785/4*x0*x4 + 350*x1*x4 + 115/4*x2*x4 - 645/4*x0*x6 - 125*x1*x6 - 85/8*x0*x8 - 15*x1*x8 + 105/8
           *x2*x8 + 105/8*x4*x8 - 145/4*x6*x8 - 165/8*x0*x9 - 5*x1*x9 - 165/8*x2*x9 + 125/8*x4*x9 + 145*x0*x10 + 115*x1*x10 + 145/4*x4*x10 - 12137/20*x0 - 2509/5
           *x1 - 1173/20*x2 - 4887/20*x4 + 939/10*x6 + 83/4*x8 + 29/2*x9 - 829/10*x10 + 577/2,
```

【以下省略】

图 2.24　数学表达式处理程序的数独解题

CHAPTER 3

第 **3** 章

依赖约束的谜题和非单调推理

父母之所以对国际象棋着迷，与"国际象棋是智慧的游戏"这样的神话有关。然而，国际象棋的本质并非完全是智慧的传递。

——*Searching for Bobby Fischer* [12]

3.1 纵向搜索与回溯

正如我们在纵向搜索示例中看到的那样，搜索并不总是有效。你将不得不返回并找到另一种解决方案，这称为"回溯"。回溯搜索可以通过递归过程轻松实现。如果需要搜索的空间不大，则效率会提高，使用的内存容量也会降低。相反，如果需要搜索的空间太大并且回溯发生得太多，则效率低且不切实际。回溯的典型问题是约束满足问题。这是一种找到同时满足若干约束的解决方案的问题。

3.2 数学家弄错的国际象棋谜题

让我们以 N 皇后问题作为约束满足问题的一个例子（见图 3.1a）。

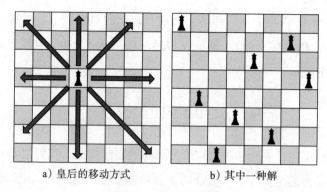

a）皇后的移动方式　　　　b）其中一种解

图 3.1　N 皇后问题

- 在 $N \times N$ 大小的正方形国际象棋棋盘上，在几个格子上放置 N 个皇后棋子。
- 国际象棋中的皇后相当于主教和堡垒的结合体，可以向纵、横、对角方向随意移动任意步数。
- 要求任意两个皇后都不在同一条纵线、横线、对角线上。

最原始的版本叫 8 皇后问题（$N=8$）。在 8 皇后问题中一共有 92 种解法[1]。这是数学家 Johann Carl Friedrich Gauss 犯过错误的问题。图 3.1b 展示了其中一种解。这个问题之所以很难是由构成解的复杂程度造成的。N 越大，构成解越困难。在这里，一种能够相对有效地构成解的方法被提出来了。但是一般这种方法需要使用基于回溯的构成法。

N 皇后问题的约束条件如下所示。在这里，我们用 Q_i 表示在第 i 行的皇后所在的列数。

1）$1 \leqslant Q_i \leqslant N$（$i=1, \cdots, N$）

2）$Q_i \neq Q_j$（$i \neq j$）

3）对于所有 i 和 j（$i \neq j$），$|Q_i - Q_j| \neq |i-j|$

1）表示第 i 行的皇后在棋盘范围内，2）表示任意两个皇后都不会在同一列中，3）表示任意两个皇后都不会出现在彼此的对角线上。求得满足这些条件的数组 $\{Q_1, Q_2, Q_3, \cdots, Q_N\}$ 就是 N 皇后问题。也就是说，它需要满足的约束条件数量如下所示。

$$N+\frac{N(N-1)}{2}+\frac{N(N-1)}{2} \quad\quad (3.1)$$

我们在这里考虑一种解决约束满足问题的回溯算法。我们用 $C=\{c_1, \cdots, c_n\}$ 来表示约数条件的全体集合。接着用 X 表示需要搜索的空间，把得到的解记为 $\{D\}$。比如针对 8 皇后问题[⊖]：

$$C = \{c_1, c_2, \cdots, c_{64}\} \quad\quad (3.2)$$

$$X = \{Q_1, Q_2, Q_3, \cdots, Q_8\} \quad\quad (3.3)$$

所有解中存在如下所示的解（见图 3.1b）。

$$D = \{Q_1 = 1, Q_2 = 7, Q_3 = 5, Q_4 = 8, Q_5 = 2, Q_6 = 4, Q_7 = 6, Q_8 = 3\} \quad (3.4)$$

我们来思考一下一种使用回归的算法。

算法

Step1　如果 $X=$ 空集，那么表示成功，显示 $\{D\}$，然后返回。

Step2　如果 X 不是空集，则从 X 取出一个元素 x_i

$$X' : = X-\{x_i\} \quad\quad (3.5)$$

满足约束条件 C 的 x_i 没有实现值时表示失败并返回。

Step3　满足约束条件 C 的 x_i 实现值表示为 $x_i^1, x_i^2, \cdots, x_i^k$。

Step4　$j=1$

⊖　式（3.2）由约束条件 1）、约束条件 2）和约束条件 3）生成。$c_1 = \{1 \leqslant Q_1 \leqslant N\}$、$c_2 = \{1 \leqslant Q_2 \leqslant N\}$，依此类推；$c_9 = \{Q_1 \neq Q_2\}$、$c_{10} = \{Q_1 \neq Q_3\}$，依此类推；$c_{37} = \{|Q_1-Q_2| \neq |1-2|\}$、$c_{38} = \{|Q_1-Q_3| \neq |1-3|\}$，依此类推。——编辑注

Step5 实现 $Backtrack(X,C,D)$。在这里用 $C \cup \{x_i = x_i^j\}$ 表示向 C 中添加新的约束条件 $x_i = x_i^j$，用 $D \cup \{x_i = x_i^j\}$ 表示往候选解决方案集 D 中添加 $x_i = x_i^j$。

Step6 当 $j=k$ 时结束并返回。否则 $j := j+1$ 并返回 Step5。

这个算法与纵向搜索一样，先往深处搜索解，如果失败则返回到之前的状态（见图 3.2）。启动这种算法需要使用如下方法：

$$Backtrack(X,C,\phi) \tag{3.6}$$

分支从初始状态（不满足约束的状态）开始，在回溯时搜索正确答案。即使成功，也可以通过强制回溯来枚举所有解决方案。

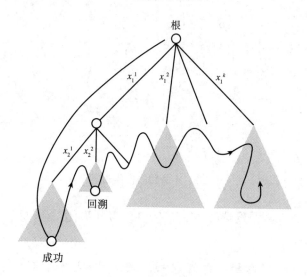

图 3.2　搜索与回溯

我们在这里以 4 皇后作为例子，来看一下这个算法的执行过程。在这种例子中

$$X = \{Q_1, Q_2, Q_3, Q_4\} \qquad\qquad (3.7)$$

$$C = \{1 \leqslant Q_1 \leqslant 4, 1 \leqslant Q_2 \leqslant 4, 1 \leqslant Q_3 \leqslant 4, 1 \leqslant Q_4 \leqslant 4, \qquad (3.8)$$

$$Q_1 \neq Q_2, Q_1 \neq Q_3, Q_1 \neq Q_4, Q_2 \neq Q_3, Q_2 \neq Q_4, Q_3 \neq Q_4,$$

$$|Q_1-Q_2| \neq 1, |Q_1-Q_3| \neq 2, |Q_1-Q_4| \neq 3$$

$$|Q_2-Q_3| \neq 1, |Q_2-Q_4| \neq 2, |Q_3-Q_4| \neq 1\}$$

用 $B(X, C, \phi)$ 表示回溯算法并如下调用（见图 3.3）。

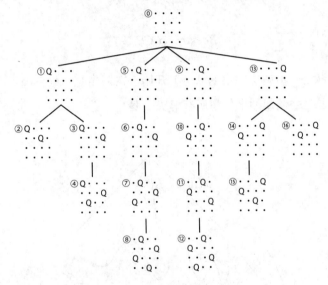

图 3.3   4 皇后的搜索过程

1）Q_1=1, 2, 3, 4 是候选解。首先 Q_1=1，调用 $B(\{Q_2, Q_3, Q_4\}, C \cup \{Q_1=1\}$, $\{Q_1=1\})$（节点①）。

2）Q_2=3, 4 是候选解。首先 Q_2=3，调用 $B(\{Q_3, Q_4\}, C \cup \{Q_1=1, Q_2=3\}$, $\{Q_1=1, Q_2=3\})$（节点②）。

3）Q_3=1, 2, 3, 4 时哪个都不满足 $C \cup \{Q_1=1, Q_2=3\}$（即第 3 行没有可以放置皇后的位置）。也就是说搜索失败，需用通过回溯并返回到节点②生成以前的状态。

4）这次我们尝试 $Q_2=4$，调用 $B(\{Q_3, Q_4\}, C \cup \{Q_1=1, Q_2=4\}, \{Q_1=1, Q_2=4\})$（节点③）。

5）这次候选解中只有 $Q_3=2$，调用 $B(\{Q_4\}, C \cup \{Q_1=1, Q_2=4, Q_3=2\}, \{Q_1=1, Q_2=4, Q_3=2\})$（节点④）。

6）无法在 $C \cup \{Q_1=1, Q_2=3, Q_3=2\}$ 中找到能够满足 Q_4 的约束条件。也就是说要再次回溯。在这里要返回到节点①生成前的状态，用新的候选 $Q_1=2$ 尝试调用 $B(\{Q_2, Q_3, Q_4\}, C \cup \{Q_1=2\}, \{Q_1=2\})$（节点⑤）。

当再次为皇后问题编写算法时，算法如下所示。

算法 $try(i)$

Step1　用集合 S_i 表示第 i 行可以放置皇后的位置。

Step2　如果 S_i 是空集则结束。

Step3　从 S_i 取出一个候选 Q_i 放置到棋盘上。

Step4　如果 $i=N$，则表示这是一个解。否则执行 $try(i+1)$。

Step5　取消 Q_i 并使 $S_i := S_i - Q_i$，然后返回 Step2。

我们在这里调用 try(1) 来获得 N 皇后的解。

3.3　线条图的解释与错觉画

本节将解释线条图（线描）作为约束满足的另一个示例[14]。我们来思考一下用计算机解释图 3.4 的画面。这里的目的是把线条图输入二维空间中，并让计算机对图中的物体数量和位置关系进行推测。人类很擅长在看到东西的瞬间进行理解，并推测隐藏的部分的模样。但是，计算机只有在进行如下所述的搜索后才能理解线条图。

图 3.4   线条图的解释

需要注意是，图中的线条都会被分为以下 3 种。

1）边界线。

2）凸向内线。

3）凹向内线。

然后，分别使用以下方式来表达。

1）有 > 标记的线。需要注意的是，边界线要按照顺时针方向进行标记。

2）有 + 标记的线。

3）有 − 标记的线。

我们用图 3.5 所示的 L 型物体进行举例来说明标记方式。

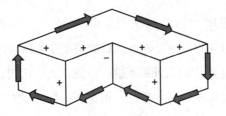

图 3.5   在线条图中添加标记

以这种方式标记线条图时，可以解释在线条图中绘制的对象。换句话说，以解释线条图作为目标时，要适当地标记它们。

接下来，让我们对世界上的物体做出以下假设。

1）没有阴影或裂纹的多面体。

2）每个顶点相交三个面。

3）即使视角稍有改变，连接点的特性也不会改变。

这些条件似乎看起来太苛刻，但并非必不可少。这些条件是致力于简化说明的。条件3）排除了从某个视角观察时碰巧彼此重合的线条图。

在能够满足以上3个条件的世界中，只存在着 L 型、ARROW 型、FORK型和 T 型这 4 种顶点（见图 3.6）。

FORK   ARROW   T   L

图 3.6   4 种顶点

对这 4 种顶点能标记的所有可能性数量如下所示。

FORK 型	$4 \times 4 \times 4 = 64$ 种
ARROW 型	$4 \times 4 \times 4 = 64$ 种
T 型	$4 \times 4 \times 4 = 64$ 种
L 型	$4 \times 4 = 16$ 种

也就是说合计有 $64 \times 3 + 16 = 208$ 种标记方式。但是，从图 3.7 中可以证明，实际上只有 18 种标记方式。这使线条图可以被解释成一个简单的约束满足的问题。图 3.8 显示了 18 种简单的解释。在这里，我们根据非空卦限的数目（1 个空间被彼此垂直的 3 个平面划分成 8 个卦限）和可视面的数量来对可能的情况

进行分类。在图 3.8 中表示了标为 – 时不可能出现的状况。需要注意的是，对 Y 型顶点能够添加 –、>、> 标记（非空卦限数 =3，可视面数 =2）的情况有 3 种。再加上 4 种隐蔽的情况，也就是说一共会有 18 种。

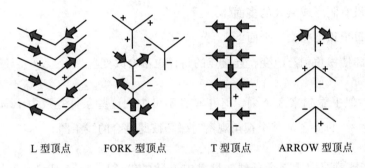

L 型顶点   FORK 型顶点   T 型顶点   ARROW 型顶点

图 3.7   18 种标记

非空卦限数 \\ 可视面数	3	2	1	0
1	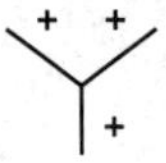 + + +	 +		—
3	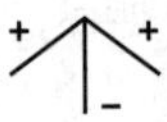 + –	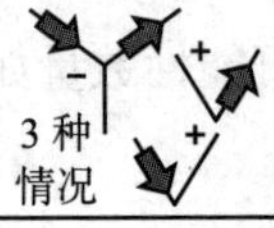 3 种情况		—
5	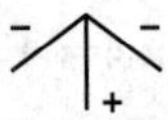 – – +	 –	—	—
7	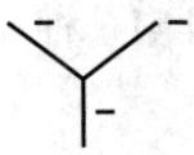 – – –	—	—	—
隐蔽的情况			 –	 +

图 3.8   为什么只有 18 种情况

例如，考虑图 3.9a 中的情况。此时，请注意 3 个 L 型顶点。L 型顶点的边是画面的边界，所以用顺时针箭头标记（如图 3.9b 所示）。L 型顶点中，对于无法使用边界标记的线，可以使用约束条件来表示。然后，ARROW 顶点处的垂直线使用 + 标记（如图 3.9c 所示）。同样，你可以看到 ARROW 型的顶点处的剩余边都为 + 标记。对于剩余的 FORK 型顶点，由于在所有 3 个边都只允许带有 + 的标记，因此它如图 3.9d 所示。

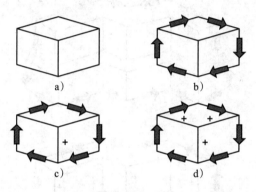

图 3.9　线条画解释的例子（1）

同样可以对图 3.10a 中的线条画添加标记。在这里，可以按照以下顺序进行。

1）添加边界线的标记（顺时针方向，如图 3.10b 所示）

2）对 FORK 型进行标记（从有 3 个 + 标记的地方开始，如图 3.10c 所示）

3）对中间部分添加标记，如图 3.10d 所示

这是按照顺序不断地满足约束的过程（必要时进行回溯）。

图 3.11 显示了可以通过标记以 2 种方式解释的图形。在这种情况下，标记会根据图形是漂浮在空中还是贴墙而有所不同。

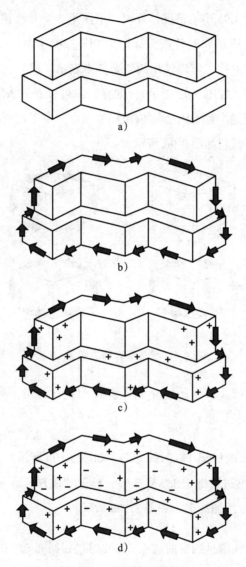

图 3.10 线条画的解释

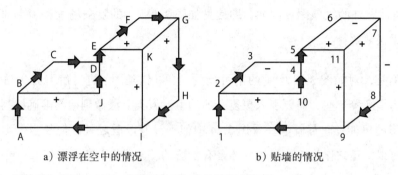

a）漂浮在空中的情况　　　　　b）贴墙的情况

图 3.11　有 2 种解释的情况

要考虑如图 3.12 所示的图形。此时以如下顺序进行标记。

1）边界线

2）边界的 ARROW 型顶点

3）有 + 标记的 FORK 型顶点

但是，在图 3.12 所示的 z 部分无法进行标记。一方面，一个 ARROW 型的标记应为 - ；另一方面，一个 L 型中应具有边界标记。这会导致回溯，但是没有其他可能的候选项。因此，可以知道这样的图形是不可能成立的。

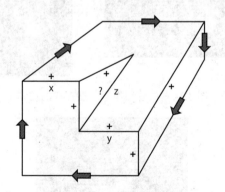

图 3.12　无法解释的例子

线条图解释方法已得到进一步发展，从而可以在某种程度上处理除了上述

3 个条件以外的线条图。例如，即使是如图 3.4 所示的复杂场景和阴影部分也可以无误地解释。

但是，对如图 3.13 所示的不可能的对象（错觉图）进行解释是无法实现的。为了解释这些，需要引入更复杂的约束。人类无法做到始终准确地判断这些图形的可能性。尽管乍一看图 3.14 中似乎没有矛盾之处，但是当仔细思考时，可以知道它作为一个三维立体是有矛盾的（这是基于参考文献 [26] 创建的立体）。实际上，它如图 3.15 所示。这表明人类的感知与高维度的知识有关。

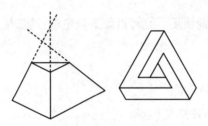

图 3.13   不可能存在的物体的例子

图 3.14   试着制作不可能存在的物体

图 3.15   真实的模样

我的主页提供了一个 GUI 模拟器，可以执行线条图解释（见图 3.16）。该程序用 JavaScript 语言实现，可以通过适当的 Web 浏览器执行。让我们尝试如何解释各种物体，尤其是不可能存在的物体。

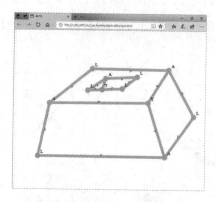

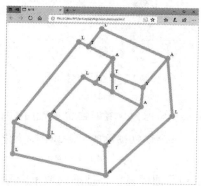

图 3.16　线条图解释模拟器

3.4　ATMS 与四色问题

让我们考虑如益智游戏那样需要通过逻辑推理的问题。

在正常的数学逻辑中，"能假设的事实一般总是正确的"。这是很自然的，但是在现实世界中被认为正确的东西后来可能会被称为错误。这个时候，人脑不仅不会崩溃，而且还会进行纠正并继续推理。

我们来思考一下接下来的例子。有一个人说："我养了一只鸟。"（见图 3.17）这个时候你会想：这只鸟会飞。接下来这个人又说："这只鸟的品种是企鹅。"那么，刚才关于"会飞"这个概念就要被进行修正，从而得出"这只鸟不会飞"的结论。

图 3.17   这只鸟会飞吗

在此示例中，新事实（知识）的增加会否定先前的结论（推测），并再次进行推理以得出新的结论。这种推理被称为"非单调逻辑推理"。

在正常的命题逻辑和谓词逻辑中，证据的数量随着新事实（知识）的增加而增加（至少不会减少）。换句话说，它在广义上单调增加，而非单调逻辑推理的证据可能会减少。人的逻辑思维显然是非单调的。在谜题和游戏中进行预测时，推理将非单调地进行。例如，把"如果你选择在这个角落下子……"作为假设进行预测，预测结果为游戏失败，然后这会引起你的重新思考和推理。

非单调逻辑推理的典型例子是 TMS（Truth Maintenance System，真值维护系统）。有关 TMS 的操作，请参考文献 [5]。本节描述了加强版 TMS 的 ATMS（Assumption-based TMS，基于假设的 TMS[55]）。稍后我们将看到 ATMS 可以解决约束依赖性问题并在谜题中进行推理。

ATMS 根据假设重复推理，以找到无矛盾的假设集（环境）。这个假设集就是解开谜题的方法。

当接收数据时，ATMS 将创建一个与数据相对应的节点。所谓节点就是推理结果、假设以及前提，节点的构造如下：

< 数据名称，标签，正当化 >

在这里，对以下的专用词进行定义。

- 环境：多个"假设"的集合。
- 标签：数据成立的（多个）环境。
- 正当化：为了让推理结果成立而进行添加理由的过程。
- Nogood：产生矛盾的条件。

通过向节点分配"标签"来执行推理。数据名称和正当化理由由推理系统提供，ATMS 本身不会发生改变，但 ATMS 会让标签保持无矛盾的状态。 如果 ATMS 不执行回溯并准备了假设和 Nogood，则在所有可能的情况下对这个假设进行验证。

节点能够显示以下 3 种信息。

- 假设：无法知道是否能够成立的情况。记为 <A,{(A)}, {(A)}>。
- 前提：一般会成立的情况。记为 <P,{()}, {()}>。
- 推理结果：来自假设以及前提推导出的情况。标签由 ATMS 进行更新。

在这里解释一下如何基于假设推理更新标签。为此，如果把环境中所有的包含关系用网格（环境格，environment lattice）进行思考，则更容易理解。

当有 n 个假设时，就会存在 2^n 个可能的环境。包含 k 个假设的环境有 C_n^k 个。这种通过包含关系连接的关系被称为"网格"（lattice）。比如，假设 A、B、C、D 组成的网格如图 3.18a 所示。图 3.18a 的上方为超集（superset），下方为子集（subset）。用线彼此连接表示包含关系。在这里，存在着两种 $\{A, B\}$、$\{B, C\}$ 的 Nogood 环境。也就是不允许有 "A 和 B" 或 "B 和 C" 同时存在的情况。此时网格上包含 Nogood 情况的环境会被去除（如图 3.18b 所示）。

此外，还会被赋予两个假设。

$$\gamma_{x+y=1}: <x + y = 1, \{\{A\}, \{C, D\}\}, \{\cdots\}>$$
$$\gamma_{x=1}: <x = 1, \{\{D\}\}, \{\cdots\}>$$

这个声明与 $x+y=1$、$x=1$ 有关，但 ATMS 不会对假设的含义本身进行干涉，所以该声明与推理无关。作为假设成立的前提，环境非常重要。满足 $x+y=1$ 这个节点的前提为 $\{\{A\},\{C,D\}\}$。这表示 $\{A\}$ 或 $\{C,D\}$ 需要成立。能够成立的环境在图 3.18c 以圆圈进行标记。需要注意的是，包含 $\{A\}$ 的集合或包含 $\{C,D\}$ 的集合都是正确的。类似地，对于假设 $x=1$ 进行正当化的环境 $\{D\}$ 在图 3.18d 中使用四边形进行标记。当然，Nogood 已经从环境中去除了。

试着进行如下的推理。

$$\gamma_{x+y=1}, \gamma_{x=1} \Rightarrow \gamma_{y=0}$$

这个时候考虑一下正当化的环境，既被圆圈又被四边形标记的集合是 $\gamma_{y=0}$ 成立的环境。但并不需要持有所有的标记集合，只要持有被同时标记的下确界就足够了。也就是说，新生成的节点会如下所示。

$$\gamma_{y=0}: <y = 0, \{\{A, D\}, \{C, D\}\}, \{\gamma_{x+y=1}, \gamma_{x=1}\}>$$

　　如上所述，ATMS 同时保持多个环境。由于这些可满足性判断操作是基本的集合演算操作，因此可以通过并行执行进行高速推理。但它也有着需要大量内存空间的缺点[⊖]。

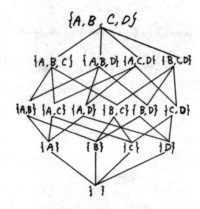

a）由 4 个假设建立的网格

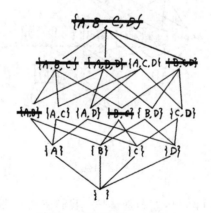

b）Nogood$\{A,B\}$, Nogood$\{B,C\}$

图 3.18　网格的例子

⊖　实际上，维持所有假设组合的网格是不切实际的。考虑到 Nogood 的包含性，有必要保持最小的集合并动态生成节点。因此，会在接下来的执行示例中使用此方法。

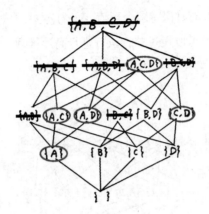

c) $\gamma_{x+y=1}$: $<x + y = 1, \{\{A\}, \{C, D\}\}, \{\cdots\}>$

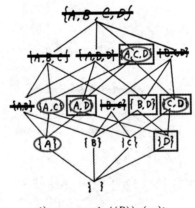

d) $\gamma_{x=1}$: $<x = 1, \{\{D\}\}, \{\cdots\}>$

图 3.18 （续）

那么，我们试着用 ATMS 进行解谜吧。我们在这里试着解开前面章节的 N 皇后问题。在 N 皇后问题中，我们用 Q_{ij} 来表示了在 i 行 j 列的皇后。Nogood 环境如下：

1）$\{\{Q_{ij}, Q_{kl}\}: i=k\}$（两个皇后不可以在同一行中存在）

2）$\{\{Q_{ij}, Q_{kl}\}: j=l\}$（两个皇后不可以在同一列中存在）

3）$\{\{Q_{ij}, Q_{kl}\}: |i-k|=|j-l|\}$（两个皇后不可以在同对角线或斜线中存在）

这个时候，网格就会如图 3.19a 所示。删除 Nogood 环境后，可以从剩下的节点（带圆圈的节点）去除 N 个皇后的位置进行解谜（如图 3.19b 所示）。

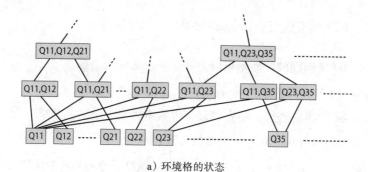

a）环境格的状态

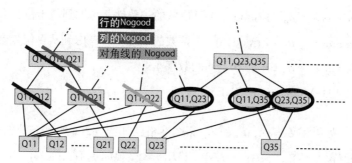

b）删除 Nogood 环境

图 3.19　N 皇后问题的网格

此外，我们可以把著名的覆面算问题视为算术谜题。比如，我们可以思考如下问题。

```
      S E N D
  +   M O R E
  M O N E Y
```

不同的字母意味着不同的数字。共有 8 个字母：S、E、N、D、M、O、R 和 Y。我们对每一个会被分配到的数字用 a_S、a_E、a_N、a_D、a_M、a_O、a_R、a_E 来表示，前提如下所示。

- P1: $<\mathrm{SEND} = a_S \times 10^3 + a_E \times 10^2 + a_N \times 10 + a_D, \{\{\}\}, \{()\}>$

- P2: $<\text{MORE} = a_M \times 10^3 + a_O \times 10^2 + a_R \times 10 + a_E, \{\{\}\}, \{()\}>$

- P3: $<\text{MONEY} = a_M \times 10^4 + a_O \times 10^3 + a_N \times 10^2 + a_E \times 10 + a_Y, \{\{\}\}, \{()\}>$

此外，以下约束适用于 Nogood 环境。

1）a_S=0（最前面的位数不可以为 0）

2）a_M=0（最前面的位数不可以为 0）

3）$a_M \neq 1$（考虑进位，答案的最高位数不得为 1 以外的数字）

4）$a_D + a_E \neq a_Y \pmod{10}$（个位数的一致性）

5）$a_N + a_R \neq a_E, a_E - 1 \pmod{10}$（十位数的一致性，考虑到从个位数会有进位）

6）$a_E + a_O \neq a_N, a_N - 1 \pmod{10}$（百位数的一致性，考虑到从十位数会有进位）

7）$a_S + a_M \neq a_O, a_O - 1 \pmod{10}$（千位数的一致性，考虑到从百位数会有进位）

8）$a_S = a_E, a_S = a_N, \cdots$（表示不同的数字）

9）SEND+MORE $\neq$ MONEY

举个例子，如果用 S_1 表示 a_S 为 1，那么网格就如图 3.20a 所示。我们把网格中的 Nogood 节点 $\{S_0\}$，$\{M_0\}$，$\{M_2\}$，$\{M_3\}$，$\cdots$，$\{M_9\}$，$\{D_1, E_2, Y_9\}$，$\cdots$，$\{S_1, E_1\}$ 等删除。图 3.20b 展示了删除超集并添加标记的过程。如此一直执行下去就能解开这个覆面算问题。

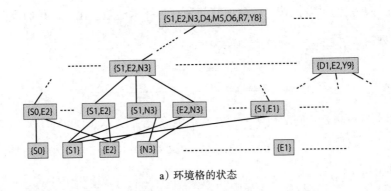

a）环境格的状态

图 3.20 覆面算问题的网格

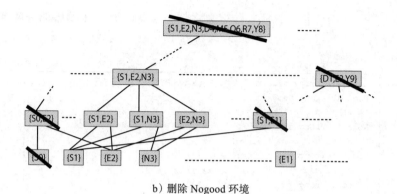

b）删除 Nogood 环境

图 3.20　（续）

　　图 3.21 显示了 ATMS 执行覆面算问题的状态（的一部分）。在这里，我们首先解决前面叙述的问题。一边显示 3 种类型的 Nogood，一边获得答案。比如：

```
Nogood: wrong sum
    <"E", 0>, <"Y", 1>, <"D", 5>
```

考虑到第一位数字的总和，E 为 0、Y 为 1 和 D 为 5 是不可能的。此外，以下这种情况：

```
Nogood: subset of Nogood
<"E", 0>, <"Y", 1>, <"D", 5> ---> <"E", 0>, <"Y", 1>, <"N", 2>, <"D", 5>
```

由于包含着上述的 Nogood(E = 0，Y = 1，D = 5)，所以 E 为 0、Y 为 1、N 为 2 和 D 为 5 也为 Nogood。此外，

```
Nogood: <M = 0: First letter>
Nogood: <S = 0: First letter>
```

约束着第一个字母 M 和 S 为 0 的可能性。考虑这种 Nogood 约束，就能像图 3.21 那样获得解。相同地，我们试着用 ATMS 解一下如下问题。

```
      *   B   O   C
  +   A   B   A   C
  ------------------
  1   A   7   C   C
```

这个问题中，* 的位置不管放置什么数字都会成立。图 3.21 的后部分展示了 6
种解。

```
bash-3.1$ ruby main.rb "SEND+MORE=MONEY"
Nogood: wrong sum
   <"E", 0>, <"Y", 1>, <"D", 2>
Nogood: wrong sum
   <"E", 0>, <"Y", 1>, <"D", 3>
Nogood: wrong sum
   <"E", 0>, <"Y", 1>, <"D", 4>
Nogood: wrong sum
   <"E", 0>, <"Y", 1>, <"D", 5>
Nogood: wrong sum
   <"E", 0>, <"Y", 1>, <"D", 6>
Nogood: wrong sum
   <"E", 0>, <"Y", 1>, <"D", 7>

..... (中略) .....

Nogood: subset of Nogood
<"E", 0>, <"Y", 1>, <"D", 5> ---> <"E", 0>, <"Y", 1>, <"N", 2>,
<"D", 5>
Nogood: subset of Nogood
<"E", 0>, <"Y", 1>, <"D", 6> ---> <"E", 0>, <"Y", 1>, <"N", 2>,
<"D", 6>

..... (中略) .....

Nogood: <M = 0: First letter>
Nogood: <S = 0: First letter>

..... (中略) .....

===== 解答 1 =====
   SEND     9567
+  MORE  +  1085
-------  -------
   MONEY    10652

bash-3.1$ ruby main.rb "*BOC+ABAC=1A7CC"
..... (中略) .....
```

图 3.21　根据 ATMS 的覆面算解法

```
=====解答1=====        =====解答2=====        =====解答3=====
 *BOC      9810        *BOC      9830        *BOC      9840
+ABAC     +9890       +ABAC     +7870       +ABAC     +6860
------    ------       ------    ------       ------    ------
1A7CC     19700       1A7CC     17700       1A7CC     16700

=====解答4=====        =====解答5=====        =====解答6=====
 *BOC      9860        *BOC      9870        *BOC      9890
+ABAC     +4840       +ABAC     +3830       +ABAC     +1810
------    ------       -----     -----        -----     -----
1A7CC     14700       1A7CC     13700       1A7CC     11700
```

图 3.21 （续）

现在考虑一个四色问题的谜题。四色问题是一种猜想——在任何地图上，可以使用四种颜色将相邻区域（国家 / 地区）进行区分[⊖]。自 19 世纪中叶以来，这种猜想一直受到质疑，但是 100 多年来一直没有得到解决，也没有获得任何反例。

1976 年，该证明由伊利诺伊大学的 Kenneth Appel 教授和 Wolfgany Harken 宣布得到了解决。但是，已发表的证明是使用计算机从有 2000 多个构形[⊜]的可约配置[⊜]中检查不可避免的集合[⊛]来实现的。关于这种方法使用计算机作为数学证明是否优雅仍然存在争议。虽然四色定理已经得到了证明，但实际上很难将给定的地图仅通四色绘制。这个问题有必要通过约束依赖问题来解决。下面，让我们用 ATMS 解决四色问题。

假设地图中最多有 3 个国家同时接壤（常规地图）。即使如此假设，通用性也不会丢失。如果有 4 个以上的国家，则可以在该点附近创建一个小国家，回到最多接壤 3 个国家的状态。在这里，我们用图 3.22 来举例说明。每个区域

⊖ 在此，假定两国沿边界接壤。仅在一点上有接触的国家之间不被视为邻国。

⊜ 地图中包含 1 个国家 / 地区与 2 个（3 个，4 个，…，多个）国家 / 地区相邻的构形。——编辑注

⊜ 可以通过上色区分国家 / 地区的地图配置。

⊛ 不管在哪种地图都必然包含的国家（或一群国家）的集合。

分别编号为 1、2、3 和 4，红色、绿色、蓝色和黄色 4 种颜色分别表示为 R（红
色）、G（绿色）、B（蓝色）和 Y（黄色）。此外，我们对区域 *n* 用颜色 *X* 进行涂
色的话，以 *nX* 来记述。例如，区域 1 被涂成红色则表示为 1*R*。如果人们认为
地图可以用 4 种颜色绘制，则用 *S* 来表示。

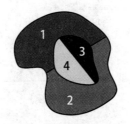

图 3.22   四色问题的例子

此时，如下创建 ATMS 数据库。数据库对每个区域可以采用的颜色所
对应的所有假设进行构建。此外，把相邻的 2 个区域涂成一种颜色的环境作
为 Nogood。由于图 3.22 中所有区域都是彼此相邻，所以对于所有的 $1 \leqslant i <$
$j \leqslant 4$，$|i\mathrm{R}, j\mathrm{R}|$、$|i\mathrm{G}, j\mathrm{G}|$、$|i\mathrm{B}, j\mathrm{B}|$、$|i\mathrm{Y}, j\mathrm{Y}|$ 是 Nogood。

- 假设

```
< 1R,{{1R}},{(1R)} >   < 1G,{{1G}},{(1G)} >   < 1B,{{1B}},{(1B)} >
< 1Y,{{1Y}},{(1Y)} >   < 2R,{{2R}},{(2R)} >   < 2G,{{2G}},{(2G)} >
< 2B,{{2B}},{(2B)} >   < 2Y,{{2Y}},{(2Y)} >   < 3R,{{3R}},{(3R)} >
< 3G,{{3G}},{(3G)} >   < 3B,{{3B}},{(3B)} >   < 3Y,{{3Y}},{(3Y)} >
< 4R,{{4R}},{(4R)} >   < 4G,{{4G}},{(4G)} >   < 4B,{{4B}},{(4B)} >
< 4Y,{{4Y}},{(4Y)} >
```

- *Nogood* 环境

```
{1R, 2R}, {1R, 3R}, {1R, 4R}, {2R, 3R}, {2R, 4R}, {3R, 4R},
{1G, 2G}, {1G, 3G}, {1G, 4G}, {2G, 3G}, {2G, 4G}, {3G, 4G},
{1B, 2B}, {1B, 3B}, {1B, 4B}, {2B, 3B}, {2B, 4B}, {3B, 4B},
{1Y, 2Y}, {1Y, 3Y}, {1Y, 4Y}, {2Y, 3Y}, {2Y, 4Y}, {3Y, 4Y}
```

在这里确保通过 ATMS 推理来正确绘制地图颜色。尝试类似的复杂地图
（见图 3.23 和图 3.24）。图 3.24 是 1975 年四色问题的一个未经证明的例子，这

是 Martin Gardner [⊖]在愚人节期间，作为恶作剧在杂志 *Scientific American* 上发表的四色问题的反例。由于很难对这张地图进行涂色，所以许多人相信了这个反例，并引起了轩然大波。

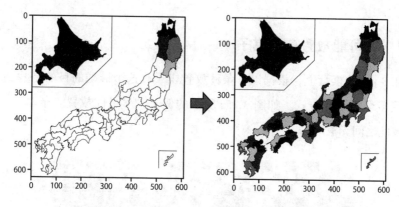

图 3.23　四色问题（在日本地图上进行涂色）

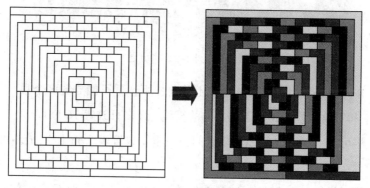

图 3.24　四色问题（愚人节）

3.5　解开国际象棋谜题

在 3.2 节中，我们介绍了皇后问题。许多类似的棋盘约束问题也很有名 [19,22]。

⊖　Martin Gardner（1914—2010）：美国作家和数学家。除数学外，还写过许多有关魔术、哲学、伪科学批评和儿童文学的书籍。

让我们看看下面的一些问题。正如你通过解决方案所看到的，在搜索约束满足问题时，尽可能地利用先验知识来限制搜索空间非常重要。否则，计算量将是巨大的，并且无法进行有效的搜索。

3.5.1 尽可能放置多个棋子

在 8×8 的棋盘上，根据以下条件放置棋子。这个谜题的目的是找到尽可能放置多个棋子的方式。如图 3.25a 所示的例子，尽可能放置多个车[⊖]，并让它们彼此之间无法攻击。

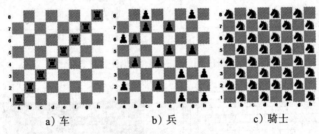

a）车   b）兵   c）骑士

图 3.25   国际象棋谜题

1）在同一条线上不放置 3 个以上的前提下，尽可能放置多个兵[⊜]。除了垂直、水平和对角线外，还有不同方向的直线（最多可放置 16 个）。

2）尽可能在彼此之间无法攻击的前提下，放置多个骑士[⊜]（最多可以放置 32 个）。

3）尽可能放置多个主教[⊛]（最多能放置 14 个，有 36 种不同的放置方式）。

4）尽可能放置多个国王[⊛]。

图 3.25b 显示了放置兵的一种答案（16 个兵）的示例。我们知道在中央的格子

⊖ 这个棋子在纵横方向上，一回合走多少步都可以。

⊜ 该问题与兵的移动方式无关。无论彼此的攻击方式如何，只要其放置满足条件即可。

⊜ 与将棋的桂马的动作相同，但不仅可以向前移动，还可以向右、向左和向后移动。

⊛ 在对角线上，一回合可以走任意步数。

⑤ 垂直、水平、对角线，各个方向每回合能走一格。

里放置 2 个兵的解决方案只有一种。

　　这个问题可以通过约束相关问题的纵向搜索来解决。但是，如果没有进行高效搜索，则无法完成计算。为防止冗余搜索，对节点进行扩展和分支时删除不再需要搜索的节点（即剪枝）。进行剪枝的条件是：

$$当前放置的棋子数 + 接下来可以放置棋子位置的数量$$
$$< 到目前为止找到的最大棋子数 \qquad (3.9)$$

因为即使在剩下的位置上都放置棋子也不会更新目前的最大值。

　　对骑士问题进行搜索时，获得如图 3.25c 所示的解决方案。你可以看到，除了对称的情况以外，只有一种可能。在这里很容易证明可以放置骑士的数量最多为 32[⊖]。当骑士所在的行号和列号的总和为奇数（偶数）时，骑士可以对行号和列号的总和为偶数（奇数）的位置进行攻击。因此，可以在行号和列号之和为偶数（奇数）的每个格子上放置一个骑士。这个时候，骑士的数量就是 64/2=32。从中可以知道，在国际象棋棋盘上可以放置 32 个骑士。

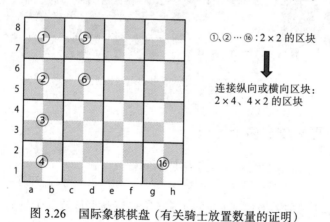

图 3.26　国际象棋棋盘（有关骑士放置数量的证明）

⊖　（证明）以 2×4 的区块对棋盘进行分割（见图 3.26）。在 2×4 的区块中最多只能放置 4 个骑士。也就是说，在棋盘上面 2×4 的区块有 8 块，所以可以放置骑士的最大数是 32。

类似地，若在同一条线上不可以放置 3 个以上的兵，则最多可以放置的兵的数量为 16。可以放置的主教的最大数为 14。主教的搜索结果如图 3.27 所示（36 种可能的其中一部分）。

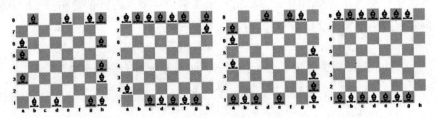

图 3.27　国际象棋棋盘（主教）

让我们用高明的方法对有关国王的场景进行搜索。国王在 2×2 的区块种不可能存在 2 个以上。也就是说，放置数量的最大值小于 16。将 8×8 的棋盘用 2×2 的区块分割成 16 块的情况只有一种。接下来，再对这 16 块区块一个个放置棋子就能进行高效的搜索。图 3.28 展示了其中一部分解。

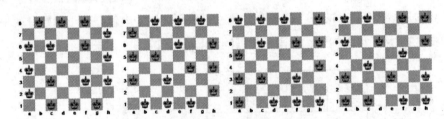

图 3.28　国际象棋棋盘（国王）

3.5.2　尽可能攻击多个区域

接下来，我们来思考一下关于皇后的问题。

- 图 3.29 显示了如何在 6×6 的国际象棋棋盘上放置 3 个皇后并攻击所有空的格子。除图 3.29 的方法外让我们寻找其他放置方式。但是，对称和镜像的放置方法被认为是相同的方式。

- 将 4 个皇后排列在 7×7 的国际象棋棋盘上，以攻击所有空的格子，并找到各种方法防止皇后间互相攻击。

- 在 8×8 的国际象棋棋盘上找到用 4 个皇后和 1 个骑士攻击所有空的格子的方法。
- 找到在 8×8 的国际象棋棋盘上放置 8 个皇后的所有方法，以最大限度地减少不能攻击的格子的数量的放置方式。

图 3.29　国际象棋谜题（第一个皇后问题）

在给皇后问题进行搜索时，从左上角开始依次搜索不受任何攻击的格子。找到正确的格子后，将皇后放置在可攻击该格子的位置。可以通过记住直到到达当前状态前皇后在哪个位置进行了搜索来减少搜索次数。

图 3.30a 显示了一个 7×7 问题的答案。图 3.30b 显示了皇后和骑士问题的答案。除了对称的情况外，只有一种放置方法。

a）7×7（4 个皇后）　　　b）8×8（4 个皇后与 1 个骑士）

图 3.30　国际象棋谜题（第二个皇后问题）

在最后一个问题中，我们知道无法攻击的格子数有 11 个以上。因此，应该至少有 2 行 6 列（或 2 列 6 行）作为不存在皇后的区块。也就是说，可以通过限定皇后的放置区块来进行探索。搜索的结果是，不能受到攻击的格子数最大为 11，这样的排列有 7 种（见图 3.31）。

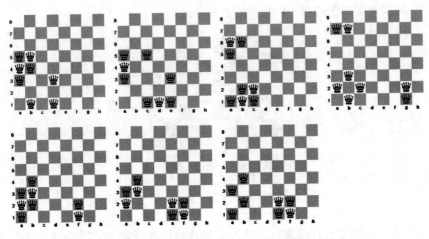

图 3.31   以尽可能减少不能攻击的格子数为目的来放置皇后

3.6 Knuth 的谜题与位棋盘

Donald Knuth[○]的一个谜题 [21] 内容是往 $N \times N$ 的网格棋盘上不断放入棋子形成一个盘面，不管之后往哪个网格空位中放置棋子都能形成正方形的排列，并使该盘面的棋子数最大化。请注意，一些正方形是可以倾斜的。图 3.32 的左侧图显示了不应创建的正方形的示例。例如在 6×6 的棋盘上只放置了 14 个棋子，并且有 4 种不同的解决方案（旋转被认为是相同的）。图 3.32 的右侧图是一个示例。让我们尝试从 4×4 开始不断扩大棋盘，最终解决 7×7 的问题。

○   Donald Knuth（1938—）：数学家、计算机科学家、斯坦福大学的名誉教授。他的著作 *The Art of Computer Programming* 是学习计算机科学的圣经。

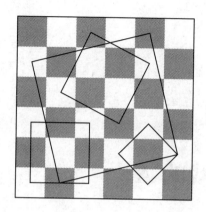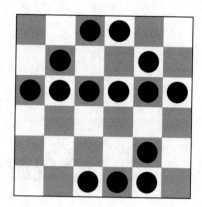

图 3.32　谜题

对于此类问题，重要的是有效检查盘面的同一性。换句话说，对已经搜索的盘面还要考虑其对称、镜像和反转，从而保证不会再次生成。

为了判断盘面在对称、旋转和镜像情况下的同一性，可以用"位棋盘"的结构。位棋盘上特定位置是否有棋子用 1 位（bite）表示。利用位操作的并行性可以进行高速化的操作，并且可以减少内存使用量。在判断盘面同一性的时候，因为左右反转可以用位反转表示，90 度旋转可以用位旋转表示，所以可以高速执行操作。作为例子，在将棋软件 Bonanza 中也有将将棋盘进行位棋盘化，高速地对棋局进行分析和判断。基于以上这些理论对 6×6 的 Knuth 谜题进行了搜索，结果显示确实有 14 个棋子的放置排列方式，去除那些对称、同一性的情况以后确认了有 4 种放置方式（见图 3.33）。对 7×7 盘面的搜索会花费更多时间，最终发现有 18 个棋子的 12 种放置方式。

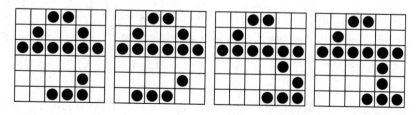

图 3.33　位棋盘的解答

CHAPTER 4

第 **4** 章

会玩游戏的 AI

看完比赛的棋谱后，我确信这个男孩是个可怕的天才。

——俄罗斯国际象棋大师 Yuri Averbakh

Fischer 过了一会儿回想了一下自己的对弈，马上谦逊地说：
"我只是做出了自认为最佳的决定，只不过是运气好罢了。"

——*Endgame: Bobby Fischer's Remarkable Rise and Fall-from
America's Brightest Prodigy to the Edge of Madness*[38]

4.1 井字棋与树

我们童年的时候，经常玩井字棋。它还被称为"圈叉游戏"、"Tic Tac Toe"等。这是一种两个人交替地往 3×3 网格里填写圈（○）和叉（×）的游戏。只要横、竖、斜任意方向由圈或叉排满，那么就算一方胜利。这个游戏有必胜法则吗？

如第 2 章中谜题的树结构一样，可以思考一下井字棋的树结构。为了简化，我们用圈作为先手。考虑到对称性，有如下三种初始状态。

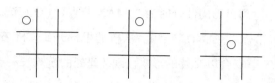

其中如果以最右边的状态开始，则又会有以下两种情况（请注意对称性）。

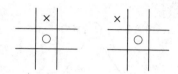

图 4.1 显示了搜索过程的一部分。

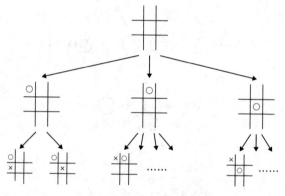

图 4.1　井字棋的搜索树

4.2　游戏的树搜索

在这里我们要考虑双人对抗游戏的树结构，但此处考虑的是两个人交替回合制的游戏。在游戏中能够完全知道对方走的每一步。严格来说，这是两个人都拥有完整信息的游戏。这种游戏包括国际象棋、黑白棋、将棋、围棋和井字棋。纸牌游戏和骰子游戏包含不完整和不确定的信息，因此不在此处考虑。

针对这种条件的游戏的树结构称为"AND/OR 树"（或者叫 MIN/MAX 树）

（如图 4.2 所示）。轮到自己的回合时为"MAX 节点"（OR 节点），轮到对方的回合时为"MIN 节点"（AND 节点）。从树的根部开始，随着深度不断加深，MIN 节点和 MAX 节点会以交替的形式出现（此处的游戏没有弃局（PASS）这一选项）。此外，如果是以自己作为先手的话，根节点就是 MAX 节点，如果是对方先手，则为 MIN 节点。

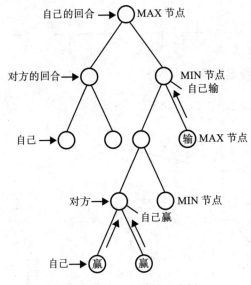

图 4.2   双人游戏的搜索树

以下内容解释了 AND（MIN）和 OR（MAX）的含义。

1）轮到自己的回合时只需要选好一个分支（OR 节点）。

2）轮到对方的回合时要调查好所有的分支，提前预测接下来会发生什么（AND 节点）。

思考一下游戏的结局。在 AND 节点（对方的回合）中只要下一回合中有一个"输"的可能，就会导致输掉比赛。只有全力以赴（所有回合都为"赢"的时候），你才能赢。另外，在 OR 节点（自己的回合）中，如果你有一次"赢"，就会赢得比赛，而只有下一回合全为"输"，你才会输。此外，如果在某一回合中通过走一步进入下一回合，则该回合节点称为"扩展"或"生成"。

接下来，考虑一种尚无法决定自己是赢还是输的情况。我们假设游戏中可以使用一些评价函数。此函数的结果越大，对自己越有利，越小对对方越有利（取正值和负值）。例如，以下评价函数可用于井字棋。

$$评价值 = -63 \times x2 + 31 \times o2 - 15 \times x1 + 7 \times o1 \tag{4.1}$$

使用 $o1(x1)$ 表示在行、列和对角线上，自己（对方）有 1 个棋子的行、列和对角线的总数；$o2(x2)$ 表示自己（对方）在行、列和对角线上有 2 个棋子的排列数。可以对行、列和对角线 8 条线进行检查。但是，如果在行、列和对角线上有另一方的棋子，则抵消自己的棋子。比如以下这种情况：

自己（○）的评价值为

$$o1 = 2 \tag{4.2}$$
$$x1 = 1 \tag{4.3}$$

因此其评价值如下所示。

$$评价值 = -15 \times 1 + 7 \times 2 = -1 \tag{4.4}$$

最上面这行由于棋子相互抵消，因此该行不会在 $o1$ 和 $x1$ 中计数。此外，自己胜出的回合的评价值为 10 000，对方胜出的回合的评价值为 -10 000。也就是没有比它更高（或更低）的评价值。

MIN/MAX 树的评价会根据如下策略进行。

1）对最深的节点进行评价。

2）对根节点的方向重复以下操作。

a）轮到 MAX（自己）的回合时，以子节点的最大评价值作为这个节点的评价值。

b）轮到 MIN（对方）的回合时，以子节点的最小评价值作为这个节点的评价值。

3）得到根节点的评价值以后，把赋予这个评价值的子节点作为接下来要放的棋子位置。

以上策略称为"MIN/MAX 战略"。这种战略就是在轮到自己（MAX 节点、OR 节点）的回合时选择一个对自己有利的情况，轮到对方（MIN 节点、AND 节点）的回合时要考虑所有的情况，考虑最糟糕情况下的对策。比如在井字棋中会变成如图 4.3 所示的情况。图 4.3 中进行了深度为 2 的 MIN/MAX 搜索。从图 4.3 中可以看出，首先要走的一步棋为节点 2，针对节点 2，可以想象对方的比较明智的下棋位置应该如节点 4 所示。在本例中，省略了对称相等的局面。

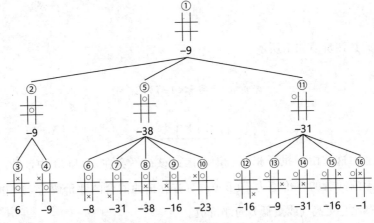

图 4.3　井字棋的搜索（1）

再以另一个局面作为例子，如下图所示。

对上述局面做 MIN/MAX 树的搜索，如图 4.4 所示。可以从图 4.4 知道最佳的选择为节点 5 或节点 17。

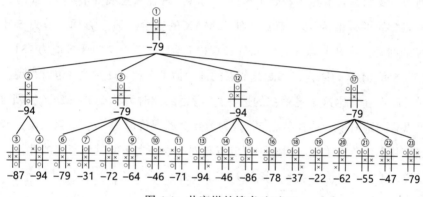

图 4.4　井字棋的搜索（2）

在 MIN / MAX 搜索中，自己需要选择具有最高评价值的局面下棋，而对方则选择具有最低评价值的局面下棋。因此，自己选择下一步棋和对方选择下一步棋的实现函数完全不同。如果对对方的评价值的正负符号进行反转，则对方和自己都将选择具有最大评价值的局面，并且可以通过相同的函数简单地实现。这称为 NegaMax 方法。

如果通过 MIN / MAX 搜索加深树的深度，则能够更准确地"读懂"棋局。如果进一步加深深度并进入游戏的最后阶段，最终将彻底读懂整个棋局。换句话说，可以知道是自己赢还是对方赢。如果在井字棋中深入搜索树结构，甚至还可以知道如何实现平局。

正如以上解释，通过 MIN/MAX 战略可以对游戏建立适当的搜索树。但如果不断加深树的深度，则树的结构会变得过于庞大，无法解决现实生活中一些复杂的游戏问题。比如，可以推测西洋跳棋的结构会拥有 10^{40} 个节点，国际象棋将拥有 10^{120} 个节点。也就是说，目前计算机的运行速度再高都无法通过 MIN/MAX 战略解开以上两种游戏。

α-β 法被用来减少 MIN / MAX 搜索中生成的节点数量。例如，考虑图 4.3 的例子。我们顺着节点 1 看到了展开的内容。现在考虑展开节点 5。此时，已知节点 2 的评价值为 -9。节点 1 处于 MAX 的回合。另一方面，节点 5 处于 MIN 的回合。展开节点 5 会生成节点 6 和节点 7。节点 7 的评价值为 -31。由于节点 5 是 MIN 的回合，因此此节点的评价值不会比 -31 更高（也就是说，轮到对方时不会有比这个更糟糕的选择）。考虑到此时为节点 1（MAX 的回合），你可以看到绝对不会选择节点 5，因为节点 2 的评价值为 -9。也就是说，选择节点 5 并不比节点 1 好。因此，可以省略对节点 5 之下的其他节点的评价。也就是说，不需要评价节点 8、节点 9 和节点 10。

以上方法称为"α-β 剪枝"。在这个方法中需要保持两个阈值：

- α 值 MAX 节点的下限值。
- β 值 MIN 节点的上限值。

在前面的示例中，节点 1 的 α 值在节点 2 展开之后为 -9。另外，节点 5 的 β 值在展开节点 7 之后为 -31。由于此 β 值低于 α 值，因此可以中止搜索。这称为"α 剪枝"。请注意，α 剪枝取决于展开顺序。比如如图 4.5 所示，首先展开为时，这个节点的评价值会被决定为 –31。也就是说节点 1 的 α 值为 –31。接着顺着节点 8 生成节点 11 时，评价值为 –38。也就是说节点 8 的 β 值为 –38，则

$$节点 8 的 β 值 = -38 < 节点 1 的 α 值 = -31 \qquad (4.5)$$

因此节点 8 会被 α 剪枝。请注意，节点 12 的展开将会正常进行。

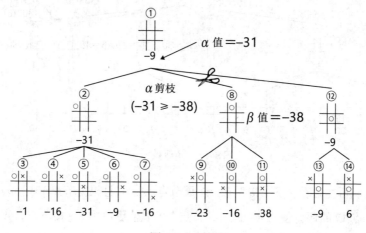

图 4.5　α 剪枝

同样地，当 MIN 节点（对方的回合）的 β 值小于其下面的 MAX 节点的 α 值时，可以忽略该 MAX 节点的扩展。这称为 "β 剪枝"。换句话说，是对方选择的回合，因此对方不会做出对自己不利的选择。假设对方以如下场景开局。

此时，首先扩展节点 2，并且通过扩展节点 3 ~ 节点 9 可以知道节点 2 的评价值为 30。因此，节点 1 的 β 值为 30。然后展开节点 10。在创建节点 11 时，此节点的评价值为 30，而节点 10 的 α 值为 30（见图 4.6）。这个时候满足

$$节点 1 的 \beta 值 =30 \leqslant 节点 10 的 \alpha 值 =30 \qquad （4.6）$$

因此节点 10 后面的展开会被省略。

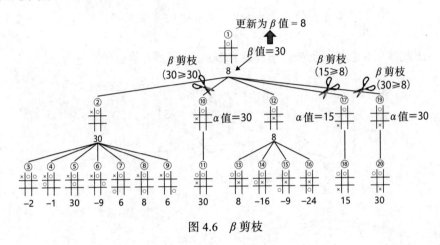

图 4.6　β 剪枝

让我们再往后看一下。接下来，扩展节点 12，并且根据节点 13 ~ 节点 16 的评价，节点 12 的评价值为 8。此时，节点 1 的 β 值更改为 8。接下来，当扩展节点 17 并生成节点 18 时，此评价值是 15，即节点 17 的 α 值是 15。也就是说

$$节点 1 的 \beta 值 =8 \leqslant 节点 17 的 \alpha 值 =15 \qquad （4.7）$$

节点 17 会被 β 剪枝。类似地展开节点 19，得到节点 20 的时候

$$节点 1 的 \beta 值 =8 \leqslant 节点 19 的 \alpha 值 =30 \qquad （4.8）$$

因此节点 19 也会被 β 剪枝。正如以上内容所述，在这个例子中，节点 10、节点 17、节点 19 三个地方发生了 β 剪枝。

到目前为止，我们已经了解了游戏搜索的基本技术。在这里提出的方法都是针对国际象棋和黑白棋这样实际的游戏提出的增强和改进方案。其中以下内容是重要的研究课题。

1）决定合适的评价函数。

2）搜索的策略（节点展开的顺序，展开的深度等）。

特别是评价函数对应着游戏专家的知识，会左右搜索的性能。比如说，我们可以对井字棋考虑如下的评价函数。

$$评价值 = （MAX 可能占有的行、列和对角线的数量^{⊖}） - $$
$$（MIN 可能占有的行和列的数量）　　　　　　（4.9）$$

但是，MAX（MIN）胜出时则为 $+\infty$（$-\infty$）。使用以上评价函数时，会生成完全不同的搜索树。

α-β 剪枝法在规模较大的搜索树中效果比较明显。在井字棋游戏中，从开局到终局进行搜索，生成的节点数量如表 4.1 所示。从中可以看出，用式（4.1）的 α-β 剪枝法时，可以发现其节点数约为仅使用 MIN/MAX 法时的 1/15。用式（4.9）时性能会有更大的提升。

表 4.1　不同方法展开的节点数量的比较（1）

实验条件	生成的节点数量
仅使用 MIN/MAX	58 524
α-β 剪枝法（式 (4.4)）	3796
α-β 剪枝法（式 (4.9)）	2751

使用 α-β 剪枝时，根据节点的访问顺序会出现发生剪枝和不发生剪枝的情况。一般来说，α 值与 β 值之间的差值（也称为"Window Size"或"窗口大小"）越小，剪枝的效率越高。为了能够达到这种情况，先搜索接近真值的评价值节点非常重要。有一种可以变换搜索顺序的方法来完成这一点。这个方法称为"棋步排序"（move ordering）。例如，当节点被扩展时，使用评价函数获得评价值作为临时值（即使它不是终端节点），并基于该值对这些值进行排

⊖　"可能占有"表示"此行、列和对角线"不含另一方的棋子。——编辑注

序。4.6 节中会以立体四子棋作为具体例子进行说明。

在井字棋中，采用如下评价函数：

$$评价值 = -63 \times x2 + 31 \times o2 - 15 \times x1 + 7 \times o1 \qquad （4.10）$$

这个函数中的系数（-63，31，-15，7）并非最优。表 4.2 展示了各种系数情况下的成绩（展开节点数）。通过改变这些系数的实验结果可以发现，第三个和第四个系数起着很大作用。从表 4.2 中可以知道，如果把系数调整为合适的值，展开的节点数量会很少（673）。

表 4.2　不同方法展开的节点数量的比较（2）

第一个系数	第二个系数	第三个系数	第四个系数	节点数量
-63	31	-15	7	2142
-300	40	-60	130	673
-63	31	0	0	2774
-63	31	-10	0	3413
-63	31	-50	50	834
-63	31	-100	50	686
-100	31	-100	50	686
-100	100	-100	50	686
-200	100	-100	50	686
-63	31	-15	0	2104
0	50	-50	50	834
-100	50	-50	50	834

此外，评价函数不一定都是线性的。比如

$$评价值 = C_1 \times x2 + C_2 \times o2 + C_3 \times (x1+1)^2 + C_4 \times (o1+1)^2 \qquad （4.11）$$

的结果如表 4.3 所示。在这里，C_i 表示第 i 个系数。

表 4.3　不同方法展开的节点数量的比较（3）

第一个系数	第二个系数	第三个系数	第四个系数	节点数量
100	100	100	50	686
200	100	100	50	686
63	31	15	0	2104
0	50	50	50	834
100	50	50	50	834

从以上结果可以看出，确定正确的系数和评价函数并不容易。此外，评价函数必须是动态的。例如，相同的评价函数在游戏开始、中期和结束时可能无效。因此，要尝试通过学习获得评价函数，而不是凭空给出评价函数。

井字棋通常容易平局，因此并不是什么很好玩的游戏。在 Martin Gardner 的关于谜题的书中，介绍了好玩的变形版井字棋游戏。这个游戏的规则是谁先完成三子一线就是谁输。我们用 MIN/MAX 策略搜索一下这种情况。其实只要改变以下两点即可。

- 把普通版井字棋的评价函数中的正负转换。
- 将自己三子一线时的评价值设为负的最大值，将对方三子一线时的评价值设为正的最大值。

如果在这里使用式（4.10），则搜索结果如表 4.4 所示。从展开的节点数量上可以看出 $\alpha\text{-}\beta$ 剪枝的有效性。

表 4.4　被展开的节点数量的比较（三子一线则为输的井字棋）

第一个系数	第二个系数	第三个系数	第四个系数	节点数量	
				仅 Min/Max	$\alpha\text{-}\beta$ 剪枝法
63	−31	15	−7	58 524	2696
63	−31	0	0	58 524	2585
63	−31	10	0	58 524	2696
63	−31	50	0	58 524	2553
63	−31	100	−50	58 524	2646

你会看到后手在此游戏中具有绝对优势。为了使先手将其带入平局，必须将第一个棋子放在中间。之后，如果始终选择与所选位置呈点对称的位置，则可以将后手带入平局中 [20, p.54]。

关于这一点，我们实践搜索一下吧。使用如下评价函数：

$$评价值 = C_1 \times x2 + C_2 \times o2 + C_3 \times (x1+1)^2 + C_4 \times (o1+1)^2 \qquad (4.12)$$

此外，我们把自己赢、输、平局的评价值设为 10 000、–10 000、0。图 4.7 显示了从初始状态到出现结果为止的搜索过程（每个盘面下面的数字为当时搜索的评价值）。可以发现，除了先手在中心位置放置棋子以外，都会导致输的结果。

在本节的结尾，让我解释一下开头的引用（参考文献 [32]）。Bobby Fischer 在 13 岁时与国家冠军 Donald Byrne 对弈。有人将其称为 20 世纪最伟大的国际象棋对弈。在第 17 手中，Fischer 放弃了皇后，其原因只有他自己知道。他的思维已经到达了非常深的一层，又经过 14 手之后，Fischer 开始将军。许多人看了这场对弈以后相信他会成为世界冠军。

接下来，我制作了几个游戏的思考例程。

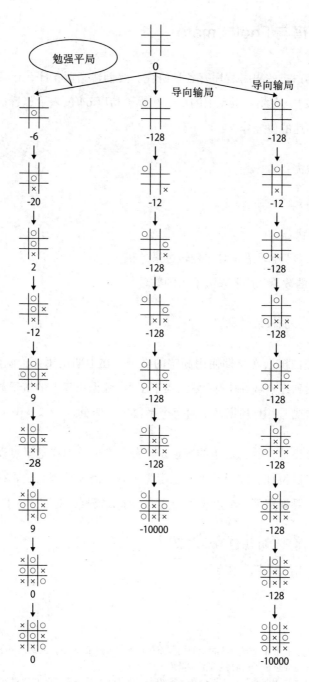

图 4.7　三子一线则为输的井字棋

4.3　黑白棋与 Fool's mate

关于玩黑白棋的思考程序有各种研究。要创建高速程序，通常使用位棋盘（请参见 3.6 节）。为此，棋盘上的白子和黑子均以 64 位表示，旨在将棋盘上的操作实现为高速的位操作。

评价函数需要考虑：

- 开放度⊖
- 边缘的状态
- 稳定子（已经无法让对方翻转过来的棋子）
- 可下子的数量（接下来可下子的数量）

然后使用其加权线性和。

通常，黑白棋会在早期使用固定的棋子，在中期使用评价函数进行搜索，然后一直搜索到终点或在中途⊜就结束下子⊜。根据棋盘上的棋子数量，识别早期和中期的情况，并且根据情况对每个系数进行变更。

然而，严格地计算稳定子的数量是十分复杂的。但在这里可以近似地求得稳定子的数量。例如，如果要确定稳定黑子时，需要检查它是否在所有方向上都不会变白。要确定某一个黑子不会变成白子，需要满足以下条件之一。

- 这个方向只存在黑色的稳定子。
- 这个方向没有空的地方。
- 这个方向是一个角。

⊖　能够通过下子让对方翻转的子的周围空格的数。这个值越小，说明该下子步骤越好。
⊜　在还有部分空格子的时候就下了最后一子。
⊜　这称为"偶数理论"。空格子数为奇数时轮到自己下子，为偶数时让对方下子的策略。

以上条件直到稳定子数量不变为止可以反复适用。图 4.8 展示了稳定子的例子。

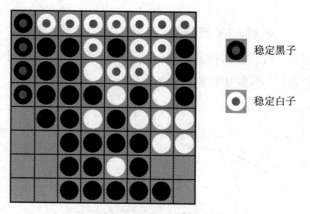

稳定黑子

稳定白子

图 4.8　黑白棋中关于稳定子的例子

在游戏早期、中期和结束时可以下子的步数将会改变。自然，如果有大量步数使用相同的计算量，则只能执行浅层搜索。当步数数量较少时，可以进行深度搜索。如果在整个游戏中搜索深度都是固定的，则计算量将有所不同。因此，在游戏中搜索的深度被改变，使得计算量在一定程度上是恒定的。为此，使用先前搜索步数的平均值确定搜索深度，以使扩展节点的总数大致恒定。具体采用以下公式。

$$\text{搜索深度} = \log_{1+\text{步数的几何平均}}\text{目标展开的节点数} \tag{4.13}$$

当步数分别为 $x_1, x_2, x_3, \cdots, x_n$ 时，几何平均则为 $\sqrt[n]{x_1 \times x_2 \times \cdots \times x_n}$。

之后，我们要考虑如下的评价函数。

评价函数 1=（自己可以下子的数量 − 对方可以下子的数量）×

权重 + 自己的稳定子的数量 − 对方稳定子的数量

作为比较，我们制作一个单纯评价自己棋子数的评价函数：

评价函数 2＝（自己可以下子的数量 – 对方可以下子的数量）×

权重 + 自己棋子的数量 – 对方棋子的数量

图 4.9 显示了当这两种类型的评价函数对弈 10 次时的获胜率。水平轴是可以下子数的权重。可以看出评价函数 1 的获胜率很高。在实际对弈中看似是一个简单的评价函数，但它其实是一个强大的对手。

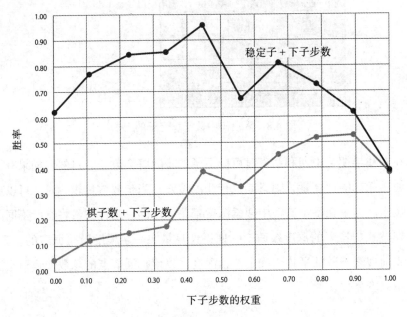

图 4.9　黑白棋的胜率

在这里我们试着解开一个有趣的黑白棋谜题。有一个问题叫 Fool's mate（愚者自将）。这是 Martin Gardner 在 *Scientific American* 专栏中介绍的谜题——从初始状态⊖开始用最少的步数将对手逼入绝境（使对方棋子数为 0）。所谓 Fool 就是让对手协助自己（也就是让对方自己把自己弄进不利的局面）进行游

⊖　从 Gardner 的书可知，与普通的黑白棋不同，棋盘上一开始没有任何棋子。黑方和白方的前 2 步必须将棋子放在棋盘中央的 4 个格子中。然后，在填充中心 4 个正方形的状态下，游戏从正常黑白棋的初始排列或黑白棋子的各自（垂直或水平）排列开始（请参阅表 4.6 中的前四个步骤）。

戏。Gardner 称之为先手 8 步[○]。

由于我们的目标是通过协调，以最少步数来完成游戏，因此在 Fool's mate 的情况下，2 个玩家都将寻求相同评价函数的最大值，利用以下指标进行评价。

- 黑子数。
- 白子数。
- 白子连接的区域的数。
- 能下白子的位置数。
- 能下黑子的位置数。
- 各白子周围存在的黑子数的平均数。
- 棋子在棋盘上的位置。

在 Fool's mate 中，目标是减少白子的数量。但是，仅在短期内减少白子数是不够的。有时可以容忍白子数一时有所增加，再一鼓作气消灭白子。因此，我们准备了上述各种特征。根据是否使用了这 7 个指标，能够想出 128 种不同的评价函数。在这里我们调查了通过 9 步就把白子全部消灭的方法。我们发现当能够预测 3 步时，有多个通过 9 步就能实现 Fool's mate 的评价函数。预测 2 步时，只有 8 个评价函数可以实现将白子全部消灭。让我们检查一下每个函数如何使用上述特征。对于这些成功实现 9 步 Fool's mate 的评价函数，使用的特征量设为 1，不使用的话则设为 0，并得到了它们的平均值和分布。也就是说，平均值表示使用这个特征的比例，结果如表 4.5 所示。

○ 正如前面的脚注，因为包含最初的 2 步（棋盘中央的 4 格），所以这个游戏中比通常黑白棋游戏的步数多了 2 步。

表 4.5　关于特征使用比例的统计结果（黑白棋的 Fool's mate）

		黑子数	白子数	白子连接的区域数	能下黑子的位置数	能下白子的位置数	近邻的黑子数	棋子的位置
3 步后	平均	0.606 061	0.575 758	0.575 758	0.545 455	0.030 303	0.606 061	0.848 485
	分布	0.496 198	0.051 890	0.501 890	0.505 650	0.174 078	0.496 198	0.364 110
2 步后	平均	0.500 000	0.500 000	0.875 000	0.250 00	0.375 000	0.375 000	1.0
	分布	0.534 522	0.534 522	0.353 553	0.462 91	0.517 549	0.517 549	0.0

从表 4.5 可以看出，在预测 3 步后的情况下很少采用"白子能下的数"，而是采用基于棋子位置的评估。在预测 2 步后，大量的评价函数使用白子连接的区域数，基于位置的评价的使用率为 100%。"能下棋子的数"并没有被采用很多。总体而言，基于白子的数量、区域和位置的评价函数似乎很容易在最短时间内把对手逼入绝境。

此外，*Scientific American* 中关于本话题的专栏内容结束以后，Gandner 还向杂志社送去了第 6 步就能实现 Fool's mate 的方法 [21]，表 4.6 展示了这个例子。在这里，我们把 8×8 的黑白棋棋盘的 64 个位置从左上到左下依次添加 1，2，3，…，64 的编号。

表 4.6　Fool's mate（6 步封杀）

先手	后手
36	28
37	29
21	30
39	44
35	45
53	

图 4.10 显示了普通黑白棋初始布局的搜索结果。如图 4.10 所示，我们能够找到第 5 步就能实现 Fool's mate 的方法。读者可以根据之前说明的方法和评价函数加以改进，以找到更短的步数实现 Fool's mate。

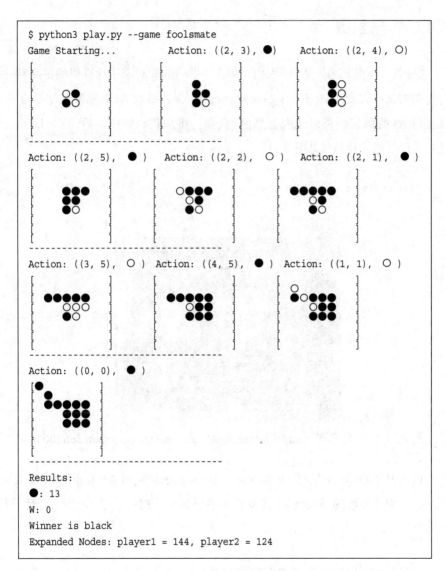

图 4.10   Fool's mate 搜索

4.4 A* 马里奥

《超级马里奥兄弟》是任天堂于 1985 年发布的针对家用计算机的游戏软件。马里奥的竞技大会（Mario AI Competition⊖）作为游戏 AI 的基准被举办着 [84]。马里奥 AI 的源代码可以从大会页面⊖获取。将源代码解压以后，在 classes 路径输入以下指令执行（见图 4.11）⊜。

```
java ch.idsia.scenarios.Play
```

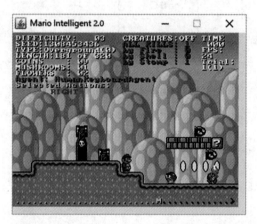

图 4.11　AI 马里奥（http://julian.togelius.com/mariocompetition2009/）

可以从 Github 的页面⊜获取 Robin Baumgarten 使用 A* 搜索的马里奥 AI 程序。在刚才获取的马里奥 AI 游戏程序中添加如下路径，把 A* 搜索源代码放在那里。

```
src/competition/cig/robinbaumgarten/
```

想要运行使用 A* 搜索的马里奥游戏，需要再次进行 build。同样，你可以

⊖　http://julian.togelius.com/mariocompetition2009/。

⊖　需要 Java 环境来执行。此外，以下的实验需要使用 Java 编译或者需要 build。

⊜　https://github.com/jumoel/mario-astar-robinbaumgarten。

使用自己的思维例程对马里奥 AI 进行试验。

在 A* 搜索中，以现在马里奥的条件（加速度和速度）作为基准，将预估到达终点需要的时间作为启发式函数。AStarSimulator.java 中，以下代码反映了该内容。

```
·AStarSimulator.java: 212
 1: public float[] estimateMaximumForwardMovement(float
      currentAccel, boolean[] action, int ticks)
 2: {
 3:     float dist = 0;
 4:     float runningSpeed = action[Mario.KEY_SPEED] ? 1.2f : 0.6f;
 5:     int dir = 0;
 6:     if (action[Mario.KEY_LEFT]) dir = -1;
 7:     if (action[Mario.KEY_RIGHT]) dir = 1;
 8:     for (int i = 0; i < ticks; i++)
 9:     {
10:         currentAccel += runningSpeed * dir;
11:         dist += currentAccel;
12:         // Slow down
13:         currentAccel *= 0.89f;
14:     }
15:     float[] ret = new float[2];
16:     ret[0] = dist;
17:     ret[1] = currentAccel;
18:     return ret;
19: }
```

第 10 ~ 13 行的代码替换为如下内容，就会变成考虑加速度、速度、距离的微积分关系的启发式函数。

```
runningSpeed += currentAccel * dir;
dist += runningSpeed;
```

节点展开如图 4.12 所示。现在的节点被描绘在正中间。在图 4.12 中展开了 9 个子节点。比如说，左上的节点表示左 + 跳 + 加速的行为，右下的节点表示选择了右 + 加速的情况。

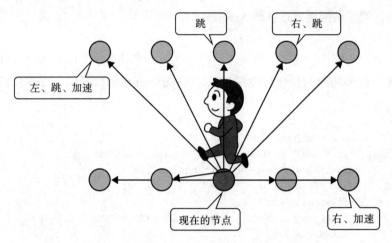

图 4.12　A* 搜索的节点

对马里奥 AI 的深度优先搜索、宽度优先搜索、A* 搜索进行性能比较。

马里奥的行动分为以下 3 个要素：

- 方向（右或左）：R、L。
- 是否跑：r。
- 是否跳：j。

以上这些组合以 [R/L,r,j] 表示。比如，"向右跑但不跳"为 [R,r]，"往左走并跳"以 [L,j] 表示。

基于深度优先（纵向）搜索和宽度优先（横向）搜索的节点展开顺序如以下 4 种情况所示。

1）[R,r,j],[R,r],[R,j],[R],[r,j],[j],[L],[L,j],[L,r],[L,r,j]

2）[R],[R,j],[R,r],[R,r,j][r,j][j],[L,r,j],[L,r],[L,j],[L]

3）1）的逆顺序

4）2）的逆顺序

　　从上述 4 种情况中使用从最初节点到第 n 个节点的搜索。但是，如果碰到敌人或者掉进悬崖，就会终止搜索[⊖]。

　　执行的结果如表 4.7 所示。表 4.7 展示了执行 3 次过程中的平均分数和死亡次数以及超时的次数。A* 搜索比起其他几个搜索方法更加稳健地到达终点。乍一看，执行速度似乎也变快了。深度优先搜索执行以右方向为优先的战略（插入顺序为 1）或者 2））的成绩会较好。因为先往右走时会朝着终点前进。此外，把插入顺序从 3）变成 4）就会减少分数。这是因为以走路为优先，容易绊到障碍物，从而容易超时。当然，如果搜索节点数增加，则跑、跳等行动的选择会变多从而可以提高分数。宽度优先搜索的插入顺序从 1）变成 3）时分数会变低。那是因为以左方向优先进行搜索，因此到达终点的时间就会延后。但宽度优先相对于深度优先来说，会更多地进行右方向的搜索，所以降低的分数相对较少。

表 4.7　AI 马里奥的性能比较

搜索手法	展开节点数	插入顺序	分数	死亡次数	超时次数
A*	1	1	4277.3	0	0
A*	1	3	4282.7	0	0
A*	5	1	4357.3	0	0
深度优先	1	1	16.0	0	3
深度优先	1	3	3491.0	1	0
深度优先	1	4	281.3	0	3
深度优先	5	4	2035.3	2	1
深度优先	15	4	2523.3	3	0
宽度优先	1	1	3608.3	1	0
宽度优先	1	3	1618.3	3	0
宽度优先	1	2	4282.7	0	0
宽度优先	5	3	2055.3	2	0

⊖　因此，会有被敌人包围没办法进一步行动的可能性。为了避免这种情况，把制作合适的改良任务交给读者来完成。

4.5   蒙特卡罗树搜索

　　MIN/MAX 策略的一个难点就是需要设计一种合适的评价函数。针对这个问题，一种不需要评价函数的方法——蒙特卡罗树搜索被提出。这种搜索方法在各种计算机游戏中被成功采用[54]。被称为"Crazy Stone"的计算机围棋程序由于利用了蒙特卡罗树搜索而获得 Computer Olympiad 2006（计算机游戏的世界大赛）的冠军，蒙特卡罗树搜索从而一战成名。

　　蒙特卡罗树搜索对从某个局面开始使用随机下子并到达终局获胜的概率进行评估。因此，不需要使用评价函数。从某个局面到游戏终局为止，随机选择一个合理的下子选项并进行到游戏终局被称为"Play Out"。从某一局面选择一个合理的下子选项 i 进行的 Play Out 次数为 N_i，从 Play Out 的结果中获胜的次数为 X_i。这时合理的下子选项 i 的胜率 P_i 如下：

$$胜率\ P_i = \frac{胜利次数}{尝试的次数} = \frac{X_i}{N_i} \tag{4.14}$$

胜率 P_i 作为合理下子选项 i 的评价值，会重复选择评价值最高的选项进行下子来推进棋局。

　　我们在这里用井字棋作为例子说明一下。在以下的局面中，接下来要下子的一方为自己（○）。

　　随机决定把○下在哪里。图 4.13 显示了 3 种随机选择。在图 4.13 中，新下子的位置由棋盘上的箭头表示。通过 Play Out 我们要分别求出节点①～节点③的胜率。图 4.14 显示了随机 Play Out 的结果。同一个节点不断地重复进行Play Out 并求出胜率。需要注意的是，○和 × 都是随机下子的。在图 4.14 中，当轮到○的时候，胜率如下所示。

选择节点①时的胜率 =1/3=0.333…

选择节点②时的胜率 =3/3=1.0

选择节点③时的胜率 =2/3=0.666…

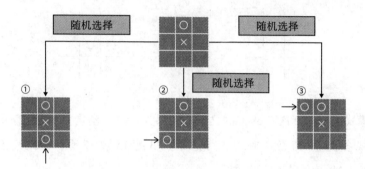

图 4.13　随机下子

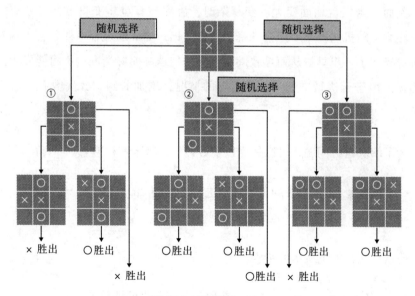

图 4.14　随机 Play Out

胜率最高的下子选项会被采纳。这种单纯的方法被称为"原始的蒙特卡罗法"。

上述例子中，每个节点的 Play Out 次数都为 3 次。当然，Play Out 的次数越多，胜率的可信度越高，做出正确选择的概率也会更高。再举个例子，考虑到对称性，开启的下子选项有以下 3 种模式。

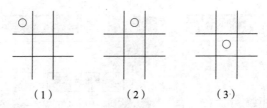

（1）   （2）   （3）

对各个模式进行 100 次 Play Out 之后的结果为，（1）模式会 56 胜 27 败 17 平，（2）模式会 53 胜 40 败 7 平，（3）模式会 73 胜 15 败 12 平。因此应该使用胜率最高的（3）模式作为开局选项。

然而，当棋盘局面变大、变复杂时，胜率计算也将变得复杂。还有一点需要注意，随机选择不一定会选择最优解。Play Out 的过程中偶尔会因为对方随机选择下了一步臭棋从而导致胜率上升。但这在实际情况中不可能发生。换句话说，由于无法精准预测 2 步以上的情况，增加 Play Out 次数并不会提高效果。

为了解决这种问题，可以使用以下方针的蒙特卡罗树搜索。

- 对有前途（胜率高）的下子选项进行多次的 Play Out。
- Play Out 次数超过一定数量以后就展开节点。

这种搜索会执行如下所示的步骤。

1）对各子节点进行 Play Out，获取各个子节点的评价值。
2）评价值越高的子节点，进行 Play Out 的次数越多。
3）从进行 Play Out 的子节点回溯至父节点从而更新评价值。

4）Play Out 次数超过某个数字时，展开评价值最高的子节点。

如图 4.15 所示，有前途的选项②会被多次进行 Play Out，而没什么前途的选项③被进行 Play Out 的次数会比较少。为了简化说明，轮到哪一方的回合分别用○和 × 来进行表示。此外，如图 4.16 所示，选项②的 Play Out 的次数超过了一定次数，因此进行节点展开，反过来没有什么前途的选项不会被展开。如上所述，原始的蒙特卡罗法的缺点（不一定会选择最优解）就会被改善。

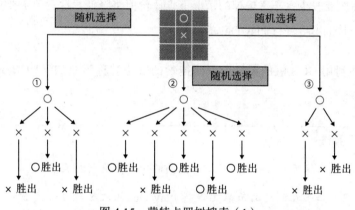

图 4.15　蒙特卡罗树搜索（1）

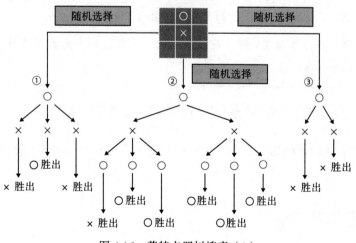

图 4.16　蒙特卡罗树搜索（2）

此外，UCB（Upper Confidence Bound，上置信界）值被提出来用于判断某个下子选项是否具有前途。UCB 值如下定义：

$$\text{UCB 值} = \frac{\text{通过被关注节点的胜利次数}}{\text{被关注节点的 Play Out 次数}} + c\sqrt{\frac{2\log\,（\text{全部 Play Out 次数}）}{\text{被关注节点的 Play Out 次数}}}$$

c 是用户设定的常数。上述公式的第二项中，被关注节点的 Play Out 次数越少，第二项的总体值越大。另外，棋下得越臭，第一项的值会越小。因此，如果 Play Out 次数较少且不幸输掉的情况下，评价值将降低。这避免了在真正有前途的棋局时也不再进行 Play Out 的问题。

这种利用 UCB 值的蒙特卡罗树搜索的方法被称为 UCT（UCB applied to Trees）算法。

> **UCT 算法**
>
> 1）从根节点开始选择 UCB 值高的子节点进行搜索。
>
> 2）如果在到达的节点上进行 Play Out 的次数超过一定数量，则继续从末端节点的局面中选择一个合理选项进行展开。
>
> 3）从步骤 2）中展开的节点局面进行 Play Out。
>
> 4）根据步骤 3）的结果，在向根节点传播的同时更新获胜百分比和 UCB 值。

UCT 算法在一定条件下被证明可以获取最优解 [47]（见 4.8 节）。

接下来我们通过几个游戏例子来比较 UCT 算法和 MIN/MAX 策略。

4.6　立体四子棋

立体四子棋的游戏规则是，三维空间中交替排列球（棋子），并在垂直、水平或对角线上排列四个球⊖则被判定为游戏胜利。该游戏棋盘上，整齐地排列着 4×4 的棍子。游戏过程中，玩家需要交替地将球套进棍子中。在垂直方向上，球只能放置在已经套进去的球之上。图 4.17 显示了三种取胜的例子。针对该游戏，我们使用几个评价函数对 MIN/MAX 策略和 UCT 算法进行比较。

斜向四子一线　　　　横向四子一线　　　　纵向四子一线

图 4.17　立体四子棋

首先，我们设置 MIN / MAX 策略的评价函数，当玩家的棋子（球）位于棋盘的中心或角落时该值增加，而当对手的棋子出现在这些位置时该值减小。图 4.18 显示了首次运行 UCT 算法并进行不同 Play Out 次数的 100 次试验的结果。UCT 会在随机下子的过程中优先搜索看似不错的下子选项，因此在 Play Out 次数较少时获胜率低。在 20 万次 Play Out 以后，胜率达到 85%，UCT 会变得相当强大。

此外，考虑一下以下评价函数。

- 评价函数 1：给棋盘上每个格子赋予权重，从某个时刻获得的格子的总得分中减去对手获得的格子的总得分值（与上述评价函数相同）。
- 评价函数 2：在当前局面中，己方通往胜利的可能性数量减去对方通往胜利的可能性数量。
- 评价函数 3：根据自己的棋子和对手棋子在棋盘的每一行和每一列的占

⊖　这个状态被称为"连"。

用率给出一个分数,并将其总和用作评价值。有一方如果能够完全占据某行或某列,则其评价值为最大或最小。

- 评价函数 4:(自己的 Reach 数)-(对方的 Reach 数)× 常数

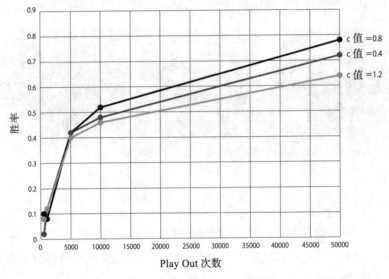

图 4.18 立体四子棋的对战

所谓 Reach 状态,就是在直线的四个格子中有三个子同为一种颜色,只剩下一格还空着。

使用这些评价函数进行对战的话,会得到如表 4.8 所示的结果。表 4.8 表示了对弈 100 次中 UCT 算法取胜的次数。*x/y* 这种表示方式的含义:*x* 表示 UCT 算法为先手,*y* 表示 UCT 算法为后手。

表 4.8 UCT 与 MIN/MAX

	Play Out 次数			
	100	1000	10 000	100 000
评价函数 1	0/0	5/6	18/16	90/80
评价函数 2	0/0	0/12	7/56	90/100
评价函数 3	0/0	5/7	70/61	100/100

Play Out 的次数小于 10 000 时，UTC 算法相对于 MIN/MAX 处于劣势。但当 Play Out 的次数超过 100 000 时，出现了压倒性的优势。处于评价函数 2 时，先手和后手的胜率有较大的差异。这也许是因为"寻找通往胜利的路径"这样的策略在先手情况下比较有利。

此外，当评价函数 4 的常数设为 100，进行 100 000 次 Play Out 的 UCT 算法与 MIN/MAX 算法对弈 100 次时，MIN/MAX 算法赢了 51 次、输了 46 次、平局 3 次。也就是说，MIN/MAX 法的胜率达到 51%。综合以上结果，从演算效率的角度来说，UCT 算法并非万能。

那么接下来我们再扩展一下 MIN/MAX 算法。在这里我们基于 Reach 构建评价函数。当对手处于 Reach 状态时，能下子的格子只有一个，你不得不在这个地方下子。此外，如果这个格子下面的位置还没有被其他棋子填满的情况下，把下面区域填满的话，只会让对手赢得比赛。

之前描述的评价函数都被设计为旨在对容易产生连的下子选项进行高评价。但是这种评价方式可能无法随着局面的变化做出动态的最优解。在这里，对造成 Reach 状态的局面，以及对方无法放置棋子的格子较多的局面（如果在这些位置下子，马上就会让己方做出一个连）进行高评价（作为评价函数 5）。使用评价函数 5 的 MIN/MAX 法和刚才的 UCT 算法进行 100 次对战，其结果如表 4.9 所示。UCT 算法的 Play Out 次数为 100 000，节点的展开阈值为 10。在这里将 UCB 的 c 值设为各种值并进行实验。胜负数以" UCT 算法：MIN/MAX 算法"的形式表示。UCT 算法的胜率随着 Play Out 次数的增加而不断提高，但计算时间也会随之增加。实际上当 Play Out 次数从 10 000 提高到 100 000 时，时间增加至 10 倍。MIN/MAX 算法如果增加预测深度（预测后面几步），则计算时间会随之增加，从预测后面 5 步增加到 7 步时，计算时间也随着增加至 30 ~ 40 倍。从这些现象可以反映出，当计算时间增加时，UCT 算法的效果会更好。

表 4.9　UCT 与 MIN/MAX（评价函数 5 ）

UCT 算法	MIN/MAX 算法	对战时间	胜败数
UCB 的 c 值	预测深度		
0.1	5	9 分 50 秒	23：77
0.3	5	8 分	68：32
1.0	5	7 分 40 秒	41：59
0.3	7	27 分 10 秒	61：39

4.2 节中我们介绍了"棋步排序"方法。这是一种为了引起剪枝而改变搜索节点顺序的方法。为此，当节点被扩展时，即使它不是末端节点，也可以使用评价函数来暂时获得评价值并基于该值进行分类和搜索。但是，如果按原始方法使用它，则可能会搜索到看起来不错（看起来很糟糕），但实际上不好（很好）的下子选项。因此，使用迭代加深方法（见 2.1.2 节），从深度为 2 的搜索中的最佳节点开始，依次进行深度为 3 的搜索。通过这种方法，在预测 5 步时，中间阶段扩展的节点数从大约 3 万减少到大约 2 万。用 7 步深度预测与之前的 UCT 算法进行对战的结果如表 4.10 所示。从表 4.10 中可以看出，即使在 7 步深度预测中使用棋步排序（7+MO）也要比常规 5 步深度预测花费更长的时间。

表 4.10　UCT 与 MIN/MAX（有 / 无棋步排序）

UCT 算法	MIN/MAX 算法	对战时间	胜败数
UCB 的 c 值	预测深度		
0.3	7	27 分 10 秒	61：39
1.0	7+MO	10 分 50 秒	41：59
0.3	5	8 分	68：32

到目前为止，扩展的 MIN / MAX 方法始终以固定深度在序盘和终盘处进行预测。但是，相对于在序盘就进行 7 步深度预测而不得不展开 30 万个左右的节点，终盘展开的节点数为 5000 左右。在序盘阶段不可能完全预测到所有情况，所以没必要展开那么多节点。反过来说，在终盘阶段可以通过深度预测来完全预测所有情况。因此当节点展开 10 万个时强制终止搜索。根据这个设

定，在序盘阶段预测最多达到 5、6 步，但在终盘阶段可预测到 19 步。以这种动态变动的预测深度的 MIN/MAX 算法与 UCT 算法进行对战，胜败数为 63 胜 37 败，结果得到了改善。此外，对战时间也小于 10 分钟，计算时间也缩短了很多。

4.7　黑白棋的蒙特卡罗算法和 NegaScout 算法

本节将介绍如何制作针对黑白棋版的 UCT 算法，并与 4.2 节中的 MIN/MAX 算法进行对战。

MIN/MAX 算法的评价函数利用以下几个变量计算加权线性和。

- 开发度。
- 边缘的状态。
- 稳定子（已经无法让对方翻转过来的棋子）。
- 可下子的数量（接下来可下子的数量）。

此外还根据棋盘上棋子的数量，识别棋局是序盘还是中盘阶段，相应地对线性和的系数进行变化。

在这里，我们要利用基于 MIN/MAX 算法扩展的 NegaScout 算法。它是基于 α-β 剪枝改良的 MIN/MAX 策略。我们已经说明了 α 值与 β 值之间的差值（窗口大小）十分影响搜索的效率。有一种空窗搜索（null window search）方法，它是在进行 α-β 剪枝时将 β 值设为 $\alpha+1$。一方面，它可以使窗口的宽度变窄，并比通常的 α-β 剪枝发生更多的剪枝，这对高速搜索十分有利。另一方面，由于不知道正确的评价值，只能对 α 值的大小进行判定。在 NegaScout 算法中，利用空窗搜索将最佳下子选项作为通常的搜索窗进行搜索。比如我们将虑窗口宽度设为 (α, β) 时，对现在的节点基于空窗搜索（窗口宽度 $(\alpha, \alpha+1)$）进行的

评价值设为 x，并进行如下处理。但作为例外，对最初搜索的节点不执行空窗搜索。

- $\alpha \leq x \rightarrow$ 结束对这个节点的搜索，去往下一个节点。
- $\alpha < x < \beta \rightarrow$ 对这个节点进行再次搜索。
- $\beta \leq x \rightarrow$ 对这个节点进行剪枝。

在第二种情况下，可以知道正确的评价值大于 x。因此把搜索窗口宽度设为 (x, β)，进一步用 α-β 算法进行搜索。由于宽度被限制，所以能够更有效率地进行搜索。

首先，我们由设置时间限制为 1 秒、搜索深度为 4 的 NegaScout 算法和使用各种 c 值的 UCT 算法进行交锋（新攻后攻交替，共进行 20 回合）。从其结果知道 UCB 的 c 值设为 1.0 较为合适，接下来我们将采用这个值。

我们让 UCT 算法和 MIN/MAX 算法在各回合都设定限制时间为 3 秒，先攻后攻交替进行对战。NegaScout 算法在序盘和中盘阶段，3 秒内可以搜索 9 ~ 12 步。在终盘阶段可以搜索到更深步。另一方面，UCT 算法在序盘阶段 3 秒内进行了 300 000 次的 Play Out，在中盘以后可达到 400 000 次的 Play Out。对战的结果，UCT 算法在 20 战中全败。也就是说，在相同限制时间内，NegaScout 算法很强大。接着我们把 NegaScout 算法的搜索深度限制为 5 步。这时 NegaScout 算法 13 胜 7 败（先手），19 胜 1 败（后手）。我们经常观察到 UCT 算法就算在中盘被压制，但到终盘却能逆转局面。这意味着直到中盘为止，NegaScout 算法十分强大。

4.8 如何赢得博弈

到此为止，我们对 UCT 算法进行了说明。本节将使用 UCT 算法去思考如何赢得博弈。这不是单纯的博弈问题，而是会涉及人工智能和经济学的重要课题（参考 1.2 节 Claude Elwood Shannon 的脚注）。

那么，何为博弈？我们在这里思考一下最为单纯的博弈机器——双杆老虎机[⊖]。我们来思考一下如图 4.19 所示的由双杆组成的老虎机。设定问题如下所示。

图 4.19　双杆老虎机的问题

双杆老虎机的问题

1）奖金会根据 R 和 L 不同的偿还率进行支付。它们有各自的评价值 μ_R, μ_L，方差分别为 σ_R^2, σ_L^2。

2）我们事前无法知道 $\mu_R > \mu_L$ 还是 $\mu_R < \mu_L$。

3）进行博弈的总体次数为 N。

在以上条件下，如何将赌注押在 R 和 L 杆上才是最佳策略呢？

⊖　在英文中被称为 "2-armed bandit problem"。根据直译则为双臂的土匪问题。老虎机因为会卷走玩家大量的钱而得名。

类似地，多杆老虎机的问题如上面一样会被定义为拥有 N 个杆的老虎机。

这时我们需要好好考虑以下两种局面。

Exploration（探索）　决定到底是 $\mu_R > \mu_L$ 还是 $\mu_R < \mu_L$。
Exploitation（利用）　根据以上的决定，用偿还率较好的杆进行博弈。

这个问题中由于 N 是有限的，因此会陷入矛盾。一方面，如果进行过多 Exploration（探索）；则会陷入局部搜索、弱噪声、偿还率的误差（方差）难以实用的局面。另一方面，假设进行过多 Exploitation（利用），则会无视通过探索获得的有用信息，失去赢的机会。

我们在 4.5 节说明了 UCT 算法，UCB 值可以用于近似地解多杆老虎机的问题。

UCB 值以如下公式定义，这个值作为判断是否为好棋（好选择）的参考。

$$\text{UCB 值} = \frac{\text{通过被关注节点的胜利次数}}{\text{被关注节点的 Play Out 次数}} + c\sqrt{\frac{2\log(\text{全部 Play Out 次数})}{\text{被关注节点的 Play Out 次数}}} \quad (4.15)$$

c 是用户设定的常数。上述公式的第二项中，被关注节点的 Play Out 次数越少，第二项的总体值越大。另外，棋下得越臭（越是糟糕的选择），第一项的值越小。因此，如果 Play Out 次数较少且不幸输掉的情况下，评价值将降低，这可以避免即使实际上有好的选择（好棋）也不再进行 Play Out 的问题。UCB 值可以视为探索（式（4.15）中的第二项）与利用（式（4.15）中的第一项）之间权衡的一种估值。换句话说，在尝试确定哪些选择是好选择和哪些选择是坏选择的同时，越来越多的 Play Out 被分配给了好的选择。UCB 值可用于在某些条件下接近最佳的选择。

UCT 算法的最优性如下所示[47]。

　　假设有 K 台老虎机，它们各自的平均奖金为 $\mu_1, \mu_2, \cdots, \mu_K$，偏差为 $\sigma_1, \sigma_2, \cdots, \sigma_K$。尝试次数为 n，$T_i(n)$ 为在第 i 个老虎机尝试的次数。当然，在这里 $\sum_{i=1}^{K} T_i(n) = n$ 是成立的。如果基于式（4.15）玩老虎机，则 $T_i(n)$ 的期望值 $E[T_i(n)]$ 满足如下公式。

$$E[T_i(n)] \leqslant \frac{8\ln n}{\Delta_i^2} + 1 + \frac{\pi^2}{3} \tag{4.16}$$

但需要

$$\Delta_i = \mu^* - \mu_i \tag{4.17}$$

$$\mu^* = \max_i \mu_i \tag{4.18}$$

也就是说，μ^* 是机器的最优平均奖金额度，Δ_i 为机器 i 的平均损失。那么尝试 n 次，每次都选择最优的杆产生的损失（Regret）如下所示。

$$\text{Regret}(n) = \sum_{\mu_i < \mu^*} (\mu^* - \mu_i) \times T_i(n) = \mu^* \times n - \sum_{i=1}^{K} \mu_i \times T_i(n) \tag{4.19}$$

利用式（4.16）可以得到式（4.20）。

$$\text{Regret}(n) \leqslant \sum_{\mu_i < \mu^*} \frac{8\ln n}{\Delta_i} + \left(1 + \frac{\pi^2}{3}\right) \sum_{i=1}^{K} \Delta_i \tag{4.20}$$

式（4.20）表示玩 n 次以后，$O(\log(n))$ 控制持续玩最佳机器得到的报酬与实际报酬之差。但是，以上被导出的公式子被奖金范围必须在 [0,1] 的条件所限制。在这样的条件下，可以知道任何算法的表现都无法优于 UCT 算法。

　　那么，我们用实际的老虎机进行实验，看看 UCT 算法的表现如何。在此，有台 2 杆和 5 杆老虎机，我们用 1 000 枚硬币，通过选择每个杆并拉动来计算总奖金。在这里，我们获得的奖金不会参与到游戏中（也就是说进行 1 000 次就结束游戏）。在实验过程中，每个杆的平均奖金和偏差都会发生变化。我们给各个杆赋予编号 $i=1, 2, \cdots$ 当玩了 n 次以后，各个杆 i 的奖金总额设为 $Q_i(i)$。n_i 表示在杆 i 拉过的次数。当然，$n_1+n_2+\cdots=n$。第 j 次拉杆时，杆 i 的奖金设为 $r_j(i)$（注意 $0 \leq j \leq n_i$）。此外，通过以上定义，$Q_n(i) = \sum_{k=1}^{n_i} r_k(i)$ 就会成立。

作为比较对象的策略如下。

1）随机选择拉杆。

2）贪婪算法：接着拉平均奖金额 $\dfrac{Q_n(i)}{n}$ 最高的杆 i。

3）ε- 贪婪算法：虽然大致与贪婪算法相同，但以概率 ε 随机选择拉杆。在本实验中，$\varepsilon=0.01$。

4）UCB1 算法：用以下公式求得 UCB 值。需要注意，n_i 表示杆 i 到目前为止拉过的次数。

$$UCB \text{ 值} = \frac{Q_n(i)}{n_i} + \sqrt{\frac{2 \log n}{n_i}}$$

5）改良版 UCB1 算法：用以下公式求得 UCB 值。

$$UCB \text{ 修正值} = \frac{Q_n(i)}{n_i} + \sqrt{\frac{c \log n}{n_i}}$$

但是需要注意：

$$c = \min\left[\frac{1}{4}, \hat{\sigma}_i^2(n) + \sqrt{\frac{2 \log n}{n_i}}\right]$$

$\hat{\sigma}_i^2(n)$ 是方差的估计值。例如，以下公式作为总体方差的无偏差估计值进行计算。

$$\hat{\sigma}_i^2(n) = \frac{1}{n_i-1} \sum_{j=1}^{n_i} \left(r_j(i) - \frac{Q_n(i)}{n_i} \right)^2$$

这个方法从实用性的角度来说，理论上无法保证性能比 UCB1 算法优异。

我们首先考虑双杆的老虎机。双杆各自的奖金平均额度分别为 0.1 和 0.05，奖金的方差都为相同的 0.20。图 4.20 展示了一个典型的执行例子。在这里，博弈次数 N(尝试次数的最大值) 为 1000。图 4.20a 展示了每次尝试的平均奖金额度。从最终的结果可以看到，UCB1 和改良版 UCB1 获得了好成绩。与之相对应的，贪婪算法以及 ε- 贪婪算法在表现上几乎与随机选择没有什么区别。因为受到了方差值的迷惑而无法很好地进行选择最佳老虎机 (见图 4.20b)。把老虎机的数量增加到 10 时，这一点就变得更加明显了。实验中 10 台老虎机的平均奖金额度为 0.10、0.05、0.05、0.05、0.02、0.02、0.02、0.01、0.01、0.01，奖金的方差值都设为 0.20 时，结果如图 4.21 所示。在这种情况下，第一台老虎机是最佳的。从图 4.21b 中可以观察到，当尝试次数超过 200 时，UCB1 和改良版 UCB1 会明确地选择最优的老虎机。与之相对应的，贪婪算法和随机算法的成绩不好 (见图 4.21a)。

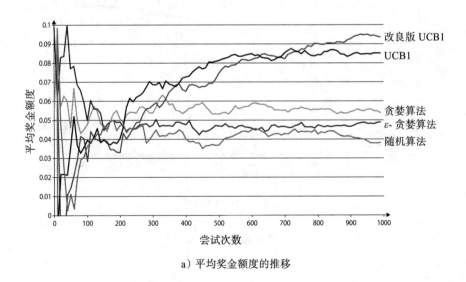

a）平均奖金额度的推移

图 4.20　两台老虎机（正态分布型）

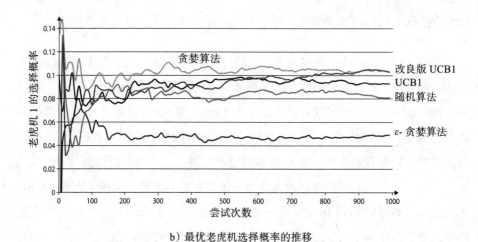

b）最优老虎机选择概率的推移

图 4.20 （续）

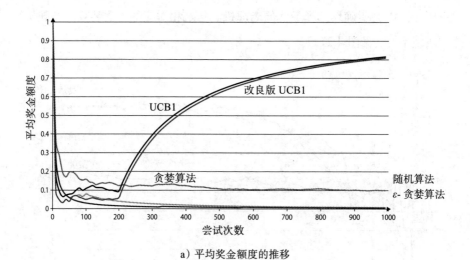

a）平均奖金额度的推移

图 4.21　10 台老虎机（正态分布型）

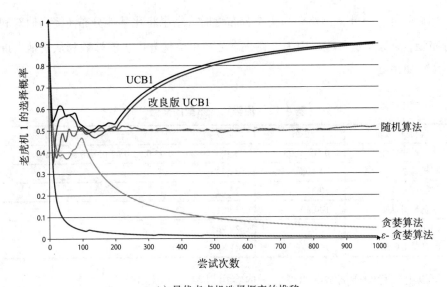

b）最优老虎机选择概率的推移

图 4.21 （续）

　　此外，我们通过伯努利问题来思考一下其他形式的报酬。我们对各个杆 i 定义了概率 μ_i，也就是说有 μ_i 的概率会获得报酬 1，有 $1-\mu_i$ 的概率得不到报酬。可以将这种报酬视为在线广告点击的建模。在这种情况下，每个杆都会变成每个广告，用户浏览广告对应于老虎机上的尝试。报酬对应于点击，而选择一个可以使点击总数最大化的广告就可以了。结果如表 4.11 所示，这种情况下，ε- 贪婪算法的优势非常明显。值得注意的是，简单的贪婪算法的效果不佳。UCB1 虽然性能上优于贪婪算法，但在报酬处于正态分布型的时候表现不佳。这似乎反映了一个事实，即奖金不处于分布状态。

　　让我们总结以上结果。令人惊讶的是，最简单的方法——贪婪算法在许多问题上表现良好。UCB1 方法对老虎机的方差很敏感，因此可以应对高方差奖金额度的博弈。UCB1 方法的收敛速度比其他方法慢，但结果更好。UCB1 方法非常适合数量较少的老虎机和高方差奖金额度，但性能会随着老虎机数量的增加而降低。另外，当奖金为正态分布型时，结果将比其他分布（例如伯努利分布型）更好。这可能是因为，在正态分布中最优老虎机能够顺利从其他老虎机中分离出来。

表 4.11　伯努利分布型的奖金

老虎机数量	2 台	10 台
奖金的平均值	0.10　0.05	0.10 0.05 0.05 0.05 0.02 0.02 0.02 0.01 0.01 0.01
随机算法	74.405	33.735
贪婪算法	90.31	72.62
ε- 贪婪算法	100.39	100.1
UCB1	95.635	79.965
改良版 UCB1	94.96	81.805

以上实验的详细情况以及思考内容可以参考文献 [10]。

4.9　消灭幽灵：AI 吃豆人

吃豆人（Pac-Man）是南梦宫于 1980 年发布的冒险类游戏。Ms. Pac-Man 是它的移植游戏。虽然游戏规则简单，但因需要复杂的策略而很有人气，在游戏 AI 的竞技会上也经常出现。

游戏规则很简单：你必须在每个阶段都吃完所有道具（也称为"豆子"或"饲料"）。此外，如果敌人（幽灵、怪物）处于"威胁"状态，你要想办法逃脱，而处于"可食用"（或"驯服"）状态下时，你可以抓住敌人。换句话说，你需要在游戏中切换策略。玩家通过上下左右移动吃豆人，并在有墙壁的迷宫中吃道具（见图 4.22）。道具中有饮料和强力药丸。吃豆人被一个幽灵抓住时死亡。但是，吃了强力药丸的吃豆人可以在一定时间内反击并击败幽灵。也就是说，如果吃了强力药丸，幽灵会在一段时间内处于"可食用"状态，这个时候幽灵和吃豆人接触的话，幽灵会被吃豆人消灭。此时，幽灵会被移动到初始位置，待机一段时间后重新开始行动。

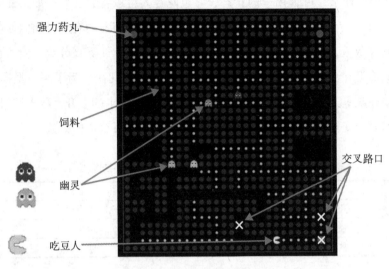

图 4.22   Ms. Pac-Man 的环境

　　如果回顾一下 Ms. Pac-Man 的研究历史会发现，研究人员最初是在构建他们自己（Pac-Man）的模拟器。这使得很难进行公平的比较，并且在某些情况下，难度要比原始游戏低。例如，John Koza[62] 使用 GP（遗传编程）来学习 Pac-Man 的行为，但是敌人的动作在某种意义上是有规律的。因此，即使你不一定具有战略智慧，也可以通过记住所有要走的道路来最大限度地提高自己的分数。因此，最近的研究集中在不确定性的 Ms. Pac-Man 身上。2007 年至 2011 年的 IEEE 国际会议上，微软公司制作的模拟器被用于 Ms. Pac-Man 屏幕捕捉比赛中。事实证明，屏幕捕捉的性能决定了得分。结果，Simon Lucas 创建了一个模拟器来解决这些问题[14]。自 2011 年以来，该模拟器已在计算智能与游戏（CIG）国际会议的竞赛中使用。Ms. Pac-Man 模拟器设计了 4 个关卡。各个关卡都有很多的药丸和 4 个强力药丸。所有关卡加起来一共有 932 个药丸。4 个敌人以"威胁"状态在靠近中心的躲藏区开始行动。然后它们一个接一个地出现，并根据不同的算法追踪吃豆人。如果吃豆人与"威胁"状态下的敌人相碰，吃豆人将丧生。当吃豆人吃掉强力药丸时，敌人将在一定时间段内（适时）处于"可食用"的状态，并且吃豆人可以将其食用。如果此时吃掉敌人，每吃一个敌人将获得 200 分。如果你在强力药丸的有效时间内使吃豆人不断吃掉敌人，你将获得 200、400、800、1600 分，或更高分数。由于每个关卡上只有几个强力药丸，因此机会时间也只存在这几次。为了获得最高分数，你需要在吃豆人食用强力药后吃掉所有敌人。随着关卡的上升，敌人"可食用"的状态时间变短，难度增加。表 4.12 总结了比赛中可获得的分数。

表 4.12　Ms. Pac-Man 的得分方法

道具	得分
药丸	10 分
强力药丸	50 分
敌人（可食用状态）	每个 200 分

　　4 个敌人分别基于 4 个不同的算法进行行动。其中 3 个敌人的算法分别基于与吃豆人的最短路径距离⊖、最短曼哈顿距离、最短欧式距离⊖变小的方向行动。最后一个敌人以随机的形式移动。所有敌人会兵分 3 路或 4 路，分别在不同的"交叉路口"改变前进方向（转弯）。此外会以 0.15% 的概率往反方向改变前进方向。这些规则使得这个游戏更具有不确定性。

　　在这里我们先考虑以下几个环境因素（见图 4.23）。

- 迷宫大小为 9 × 18。
- 有 2 个幽灵。
- 吃豆人会先动。
- 幽灵和吃豆人交替移动。
- 如果吃掉所有豆子，则吃豆人胜利。
- 如果碰到幽灵则吃豆人失败。

⊖　使用 Dijkstra 等算法来计算图上的距离。所有位置之间的值都是预先准备的。
⊖　(x_1, y_1) 与 (x_2, y_2) 两点之间的欧式距离为 $\sqrt{(x_1 - x_2)^2 + (y_1 - y_2)^2}$。

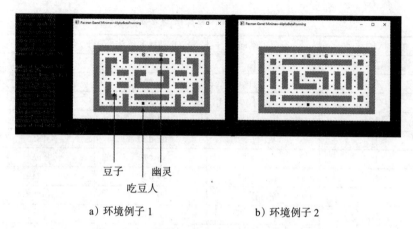

a）环境例子 1　　　　　　　b）环境例子 2

图 4.23　吃豆人的环境

在以上提到的条件下用 MIN/MAX 算法试着制作了一个 AI。需要考虑的评价函数因素如下：

- 幽灵和吃豆人的距离：越大越好。
- 幽灵和幽灵的距离：越小越好。

如果要更详细地进行说明，那么评价函数以如下公式进行计算。

$$v = c_1 \times f_1 + c_2 \times f_2 + c_3 \times f_1 \times f_2 \qquad （4.21）$$

需要注意的是，f_1 为吃豆人与 2 个幽灵之间的距离之和。f_2 为 2 个幽灵之间的距离。虽然这个函数看似简单，但通过观察以下内容会发现它其实很强大。在这里，c_1、c_2、c_3 的值分别为 10、–5、5。

搜索至深度 12 的结果如表 4.13 所示。表 4.13 展示了用 MIN/MAX 算法和 $\alpha\text{-}\beta$ 算法对吃豆人和幽灵的各种动作的节点展开数。从表 4.13 的结果可以了解到 $\alpha\text{-}\beta$ 算法的效率更高。被评价的节点数也根据不同的情况完全不同。但不管怎么样，$\alpha\text{-}\beta$ 算法的节点展开数总能控制在 MIN/MAX 算法的两成左右。

表 4.13   MIN/MAX 算法与 α-β 算法

吃豆人的动向	幽灵的动向	MIN/MAX 算法	α-β 算法
右	左、右	5824	1936
右	左、右	5299	1554
右	左、右	10 514	1478
右	下、下	22 021	2182
上	下、下	61 080	1855
上	右、下	286 179	20 064
右	右、下	49 025	1119
右	右、下	109 956	3288
右	右、下	66 916	5059
上	右、右	66 804	9269
上	右、右	17 848	2193
左	右、右	13 621	1660
左	下、上	17 056	1673

对吃豆人进行实际操控的话，能够直观地感受到幽灵 AI 的不同强度。有 2 个幽灵会明确通过协调来追击吃豆人。人类玩家获得游戏胜利并不容易。

接下来，我们再用蒙特卡罗树搜索来制作一个吃豆人的游戏 AI。在这里我们要参考文献 [3] 进行安装和实验。

当然，如果吃豆人碰到非"可食用"状态的幽灵就会终止游戏⊖。

幽灵基本上会以随机方式进行移动。但如果靠近吃豆人时（有一定概率）会变成攻击模式，一段时间内持续追击吃豆人。当攻击模式结束时，一段时间内就算靠近吃豆人也不会再次变成攻击模式。

在这里，游戏的得分设置为吃到豆子的数量的 10 倍⊖。

⊖ 在原版的吃豆人中，如果碰到非"可食用"幽灵的话，吃豆人的命数会减少。如果命数为 0，则游戏结束。

⊖ 在吃豆人这个游戏中，击退"可食用"状态的幽灵、获得强力药丸、获得水果还能得到额外的分数。

如下执行蒙特卡罗树搜索。为了简化，我们在这里设置了幽灵和吃豆人都无法在交叉路口以外的地方改变方向。1 帧画面相当于吃豆人和幽灵移动 1 步。

1）吃豆人寻找可到达的最近交叉路口。

2）如果和前面一帧的最近交叉路口一致，就会使用前面一帧形成的树枝。如果不一致，就会以前面一帧的交叉路口为树根，开始形成以下的树枝。

a）将从树根的交叉路口往各个方向移动后会出现的交叉路口作为子节点形成搜索树。

b）对各个节点进行 Play Out。

我们以图 4.22 的情况进行举例，交叉路口如图 4.24 所示。离吃豆人最近的交叉路口为①。如果搜索树的深度为 3，则生成节点数会达到 12 个（见图 4.24 的右边图）。吃豆人在 Play Out 过程中沿着每个路径，并从那里随机开始。幽灵的行动独立于吃豆人，因此此处不予考虑。

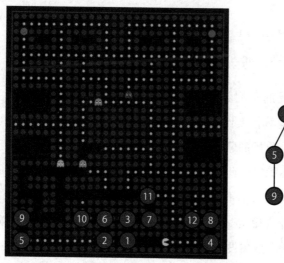
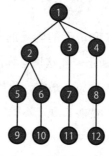

图 4.24   Ms. Pac-Man 的搜索树

在 Play Out 过程中，与原始游戏不同，使用以下规则。

- 消灭过的幽灵不会复活。
- 幽灵的攻击（aggression）[⊖]程度由吃豆人的胆小程度决定。
- 只要符合以下任意一种即可胜利：
  - 吃豆人生存 100 回合。
  - 消灭所有幽灵。
  - 吃到所有豆子。

从第二条规则可以知道，吃豆人可以将幽灵的 aggression 预测值作为参数进行利用。如果在 Play Out 中失败，则成功奖励为 0；如果获胜，则得分率为获得的豆子数 / 所有豆子数。然后，根据成功奖励和实验次数计算 UCB 值。

我们再改变一些条件进行蒙特卡罗树搜索。我们以如下内容作为性能指标：

- 分数。
- 每一帧获得的分数（SPF, Score Per Frame）。
- 消灭的幽灵的平均数量。

SPF 和消灭的幽灵的平均数量可以用来评价吃豆人的移动效率。结果如表 4.14 所示。在这里，我们要比较一下加了搜索深度限制的蒙特卡罗树和原始的蒙特卡罗树。最终，原始的蒙特卡罗树在平均得分上表现更好，但标准偏差值过大，性能表现上不稳定。此外从 SPF 和消灭的幽灵的平均数量中可以了解到，原始的蒙特卡罗树的效率不高。另外，虽然被限制的蒙特卡罗树在得分上处于劣势，但性能上较为稳定。在此实验中，有必要以足以绘制每一帧的速度进行搜索。因此，蒙特卡罗树搜索无法确保进行足够多的实验次数。

⊖ 用一个常数决定幽灵变成攻击模式的概率。幽灵会以 aggression/10 的概率变成攻击模式。

表 4.14　蒙特卡罗树搜索的结果（吃豆人）

	分数		SPF	消灭的幽灵的平均数量
	平均	标准偏差		
原始蒙特卡罗算法	1875.1	942.2	5.5	1.66
蒙特卡罗树搜索（深度 1）	1597.2	773.6	6.6	1.66
蒙特卡罗树搜索（深度 10）	1734.7	929.1	6.1	1.71
蒙特卡罗树搜索（深度 20）	1863.8	815.5	6.0	1.94

　　"吃豆人"是一款很难创建评价函数的游戏，因为幽灵会随机移动，道具的排列和地图本身也会发生波动。另外，因为游戏实时进行，所以搜索空间较大。在这种情况下，蒙特卡罗树搜索被认为是有效的。

第 5 章

学习、进化和游戏 AI

没想到有生之年能看到这样的围棋对弈。

——大桥拓文,《朝日新闻》2017 年 6 月 29 日,当时为围棋六段

5.1　来自 AlphaGo 的震撼

2016 年 3 月,由 Google 公司旗下 DeepMind 开发的游戏 AI——AlphaGo 击败了专业的围棋选手——李世石(九段),这给世间带来了很大的震撼。据了解,DeepMind 使用 1202 个 CPU 和 175 个 GPU,1 个月的时间学习处理了 30 000 000 个数据⊖。20 位研究人员是 AlphaGo 论文的共同作者 [78]。然后,在 2017 年 5 月,AlphaGo 连续三局击败了当时世界排名最高的棋手——柯洁,并使用 AlphaGo 自我对弈,留下了 50 局棋谱作为纪念并退役。

近日,围棋高手平时也会使用游戏 AI 练习自己的技艺。但通常都会对使用的软件进行保密。我们在本章中先回顾围棋的游戏 AI 的历史,然后再详细说明 AlphaGo 的原理及结构。

⊖　围棋网站"KGS"(http://www.gokgs.com)的数据。人类棋手(六段到九段)的 16 万个棋谱、3000 万个局面。

人们是在 20 世纪 60 年代后期开始开发围棋程序。早期的开发方法是基于模式识别和启发式算法。在 20 世纪 90 年代后期，由中国的陈志兴创建的程序处于一个通过十子就能轻松打败水平较高的业余棋手的水准。2006 年，Rémi Coulom [53] 应用了蒙特卡罗树搜索，此方法从此成为主流。Coulom 的围棋程序"Crazy Stone"相当于业余五段的水平。接着，自 2015 年以来，基于机器学习方法的围棋 AI 不断涌现。其中最具有代表性的就是 AlphaGo。

比起国际象棋，围棋的搜索空间浩瀚无比⊖。因此，需要一边通过深度学习的方法来减轻计算的复杂性，一边执行蒙特卡罗树搜索。AlphaGo 反复将玩家的棋谱作为训练数据，并通过深度学习学习以下 2 个网络（见图 5.1）。

- 策略网络（policy network）：预测落子的网络，它会大幅削减游戏树的宽度。
- 估值网络（value network）：对当前局面评估胜率的网络，它会大幅削减游戏树的深度。

策略网络　　　　　　　　估值网络

$p_{\sigma/\rho}(a|s)$　　　　　　　$v_\theta(s')$

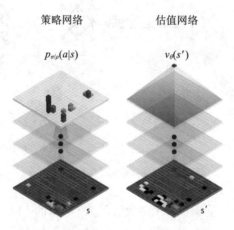

s　　　　　　　　　s'

图 5.1　AlphaGo 的神经网络结构 [78]

⊖　我们在这里用 b 表示游戏树的宽度，用 d 表示游戏树的深度。如果国际象棋的平均值为 $b=35$、$d=80$，那么围棋的平均值为 $b=250$、$d=150$。

向策略网络输入棋盘局面信息 s 的话,它就会输出合法落子的概率分布 $p(a|s)$。向估值网络输入相同的棋盘局面信息 s 的话,它就会输出预测输赢的标量值 $v_\theta(s')$(s、s' 是棋盘局面,a 是落子)。

说得更详细一些的话,就是要让高速 rollout 策略网络 p_π 和有监督学习(supervised learning, SL)的策略网络 p_σ 得到训练以至于可以预测落子方案。如图 5.2 所示,强化学习(RL)的策略网络 p_ρ 作为 SL 策略网络进行初始化,通过自我对弈进行迭代。最后,再训练估值网络 v_θ 用于预测结果。关于强化学习,见 5.2 节的内容。

接下来,要对网络结果的各个层进行详细说明。(关于围棋的专业用语参考文献 [43])。

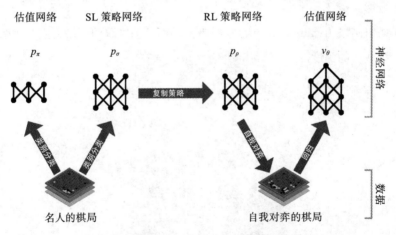

图 5.2　AlphaGo 学习时的情况 [78]

SL 策略网络由权重 σ 和 ReLU 激活函数⊖形成的 13 层卷积层和最后一层 softmax 函数⊖组成。它会输出所有合法的落子方案的概率分布。

⊖　Rectified Linear Unit:如果输入 0 以下的值则返回 0,如果输入大于 1 的值则返回原值。

⊖　softmax 定义如下。$f_i(x_1, \cdots, x_d) = \dfrac{\exp(x_i)}{\sum_j \exp(x_j)}$ $(i = 1, \cdots, d)$,但需要注意 d 是候选数。

　　如表 5.1 所示，从棋盘局面上采集的特征作为策略网络输入（除去最后一行）。输入数据一共有 48 个平面。各个平面由围棋棋盘的 19×19 元素（矩阵）组成。最开始的 3 个平面表示棋盘上的原始信息（也就是说，是有白子还是黑子，又或者是空白的信息）。剩下的平面保留着基于围棋规则的特征信息。在这里用 30 000 000 个棋局信息训练 13 层的策略网络，使之能够输出 19×19 元素（矩阵）（数据中的正确落子）。SL 策略网络的学习使用误差的反向传播。在输出的 19×19 元素（矩阵）中最大值的位置作为接下来的落子位置（见图 5.3）。作为结果，落子预测的准确率可以达到 57%。但只用 SL 策略网络的话只能达到业余 3 级的水平。

表 5.1　策略网络和估值网络的输入特征

特征	平面数	说明
棋子颜色	3	黑子、白子又或者空
1	1	全 1 平面
回合数	8	开始落子以后的回合数
气	8	气的数量
吃子数	8	由于落子而吃掉对方子的数
自填大小	8	由于落子使自己的子被吃掉的数
落子后的气	8	落子以后气的数量
征吃	1	用征来吃得对方的子
征子逃脱	1	从征逃脱
合法性	1	合法的落子，并没有在自己的眼落子
0	1	全 0 平面
棋手颜色	1	如果当前棋手执黑子，则填充 1，否则填充 0

　　想要提高 SL 策略网络的成绩需要极长的训练时间。因此，使用相对正确率低但快速的 rollout 策略 $p_\pi(a|s)$ 和 tree 策略。该网络就是使用模版匹配和逻辑回归进行训练。将表 5.2 中的特征作为输入，并使用 softmax 函数输出落子概率。rollout 策略只使用表 5.2 中的 6 个特征。tree 策略会使用所有的特征。学习的结果表明，虽然 rollout 策略的正确率只有 24.2%，但速度达到了 SL 策略网络的 1000 倍（相对于 SL 策略网络每次落子要花费 3ms，rollout 策略只花

费 2μs）。此外，通过 SL 策略网络与 rollout 策略的结合可以达到顶级业余水平（埃洛等级[⊖]为 2416）。如果没有策略网络，则分数会下降到 480 以下，那么如果没有 rollout 策略则会更加糟糕。

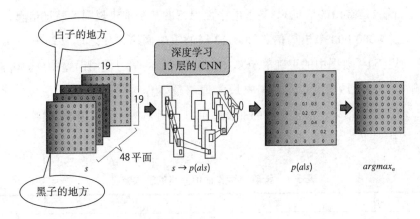

图 5.3　SL 策略网络

表 5.2　rollout 策略和 tree 策略的输入特征

特征	平面数	说明
响应	1	和响应模式一致
避免被吃	1	防止被吃的落子
邻接	8	眼前落子区域的周围 8 个位置
点杀	8192	也称为点眼
响应模式	32 207	眼前落子形成 12 眼菱形的模式
无响应模式	69 338	空的周围有 3×3 的模式
自填	1	使自己的子会被吃的落子
落子距离	34	两次落子之间的曼哈顿距离
无响应模式	32 207	空的周围形成 12 眼菱形的模式

这 2 个有监督学习的神经网络相当强大，但存在以下几个问题。

1）由于 30 000 000 个的训练数据中多数是业余水平并非专业水平，所以

⊖　埃洛等级是每一步的思考时间为 0.4 秒，根据与不同玩家的比赛得出的。不同棋手间评分相差 200 点即有 75% 的获胜机会。它与专业/业余级别的关系，请参见图 5.4。

它的水平不会很高。

2）由于围棋程序的参数过多，很容易引起过拟合。

3）有监督学习的目的就是为了使预测分布与实际分布尽可能相似。因此尽管输出是 361 维度（19×19），但带标签的 30 000 000 个的训练数据并非充足。

4）即使有赢 / 输信息，也很难根据最终结果选择动作（落子）。换句话说，当确定为输（赢）时，并非所有落子都不好（好）。

为了弥补这些缺点从而使用强化学习。首先，要把网络的结果和权重初始化成与 SL 策略网络相同的状态。当前的策略网络和随机选择的过去的策略网络之间进行自我对弈，旨在避免过拟合。基于每次对弈的输赢结果并根据如下公式来更新网络的权重。

$$\Delta\rho \propto \frac{\partial \log p_\rho(a_t \mid s_t)}{\partial_\rho} z_t \tag{5.1}$$

在式（5.1）中，如果为胜局则 z_t 的值为 +1，如果为负局则为 –1，其他的情况则为 0。用这种方式学习的 RL 策略网络打败了当时最强的程序 Pachi。

估值网络 v_θ 是用于从当前局面预测最终胜败的。这个网络通过预测策略网络并基于强化学习中自我对弈的结果进行训练。估值网络类似于策略网络用 15 层的结构。前 13 层是卷积层，第 14 层由 256 个 ReLU 激活函数组成，第 15 层为一个 tanh 函数。使用反向传播方法对估值网络进行训练，以最小化游戏的预测和实际结果的均方误差作为目标。估值网络的输入特征如表 5.1 所示，策略网络没有利用到的最后一行（一个额外的输入，play color）也作为估值网络的输入。此外，输出为单一的预测（胜率）。如果只是利用 30 000 000 个棋局数据，则估值网络会立刻陷入过拟合。之所以这样，是因为连续的棋谱之间有很强的关联性，但区别程度只是个别几个棋子。因此，需通过不断地自我对弈来生成新的棋局数据。

AlphaGo 通过蒙特卡罗树搜索对估值网络和策略网络进行了整合。搜索树的每个节点保留了如下信息。

- $P(s,a)$: 基于策略网络和 tree 策略输出的下子概率。
- $N_v(s,a)$: 估值网络进行评价的次数。
- $N_r(s,a)$: rollout 策略网络进行评价的次数。
- $W_v(s,a)$: 估值网络的输出值。
- $W_r(s,a)$: rollout 策略网络的输出值。
- $Q(s,a)$: 棋局的评价值。

$Q(s,a)$ 的值通过如下公式求得。

$$Q(s,a) = (1-\lambda)\frac{W_v(s,a)}{N_v(s,a)} + \lambda\frac{W_r(s,a)}{N_r(s,a)} \qquad (5.2)$$

在这里 λ 的范围为 0 到 1，表示了 rollout 策略网络的评价值的权重。1 的时候进行 rollout，0 的时候就只有估值网络的值。通常来说，这个值设置为 0.5。蒙特卡罗树搜索会基于以下这个公式，选择分数最大的节点。

$$a_t = \arg\max_a(Q(s_t,a) + u(s_t+a)) \qquad (5.3)$$

需要注意的是，t 为每下一次棋子的时间迈步（step）。$u(s,a)$ 是基于以下 SL 策略网络的输出的奖励值。

$$u(s,a) = c_{punct}P(s,a)\frac{\sqrt{\sum_b N_r(s,b)}}{1+N_r(s,a)} \qquad (5.4)$$

在这里 c_{punct} 为 0.5 的常数。通过 $\sum_b N_r(s,b)$，搜索树会从与局面 s 相同深度的节点，基于 rollout 评价次数求和。

图 5.4 表示了 AlphaGo 的埃洛等级。图 5.4 分别显示了使用和不使用这 3

种网络的水平强度。如果同时使用这 3 种网络，则可以看到它具有专业棋手水平。

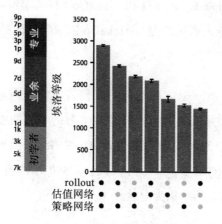

图 5.4　AlphaGo 和人类棋手的段数级别的比较 [78]

此外，利用强大的深度学习算法，只使用自我对弈结果进行学习的更优秀的 AlphaGo ZERO 得到了发布 [79]。AlphaGo ZERO 的特征就是不需要把人类对弈的棋谱数据作为训练数据进行学习。令人震撼的是，通过自学围棋的 AlphaGo ZERO 碾压般地击败了前面文章说明的 AlphaGo。

AlphaGo ZERO 通过一开始的随机下子作为开局，只是通过自我对弈的强化学习，就实现了无人类数据的自我训练。之前的 AlphaGo 利用了表 5.1 中描述的 48 个特征，与之相对应的 AlphaGo ZERO 只是利用了白子和黑子的棋盘信息。输入数据包含，白子和黑子各自的现在以及过去 7 步的棋盘信息（矩阵），以及接下来要下子的棋盘信息（矩阵）（如果接下来要下的棋子是黑子，那么黑子为 1，白子为 0），共计由 $8 \times 2 + 1 = 17$ 个矩阵（19×19）组成。此外还通过以下几个措施强化了算法结构。

- 用 ResNet 替代传统 CNN。
- 基于强化学习的策略迭代（policy iteration）。

- 基于改良版蒙特卡罗树搜索的策略选择。

图 5.5 展示了 AlphaGo ZERO 和 AlphaGo（打败李世石九段的游戏 AI）的埃洛等级的比较。令人震惊的是，AlphaGo ZERO 仅仅经过 36 小时就超过了 AlphaGo 的排名（3739）。

我们回想一下，AlphaGo 的学习需要数月时间，而且还需要海量的人类数据。作为参考，利用人类数据的有监督学习的学习曲线也展示在图 5.5 中。在初期，这个曲线表现的成绩优于 AlphaGo ZERO，但很快就被追赶上并超越了。AlphaGo ZERO 在 3 天时间内进行了 490 万次自我对弈，和旧版的 AlphaGo 的 100 局对弈的结果为全胜。

此外，图 5.6 展示了连续学习 40 天的效果。此时自我对弈已经完成了 2900 万次。图 5.6 比较了 AlphaGo ZERO 与 AlphaGo 的各种版本。AlphaGo 的各种版本的信息如下所示。

- AlphaGo Master：在在线游戏平台上与顶级专业选手交锋结果 60 比 0 全胜。
- AlphaGo Lee：打败了李世石九段（2016 年 3 月）。
- AlphaGo Fan：打败了中国职业棋手范晖（2016 年 11 月）。

图 5.6 展示了 40 天的经过，右图为 40 天以后的排名结果。作为参考，图 5.6 还展示了历代最强的程序也参与到排名中的结果。图 5.6 中的"只有神经网络"表示 AlphaGo ZERO 不进行蒙特卡罗树搜索，只利用神经网络的输出结果进行计算。最终，AlphaGo ZERO 获得了 5185 的排名值。相对于 AlphaGo 在深度学习的过程中使用了 48 个 TPU ⊖，AlphaGo ZERO 只使用了 4 个 TPU。从这里就可以知道 AlphaGo ZERO 在学习能力和计算效率上的优越性。

⊖ 张量处理器（Tensor Processing Unit）。谷歌为机器学习开发的集成电路。性能可以达到 GPU 的 10 倍。

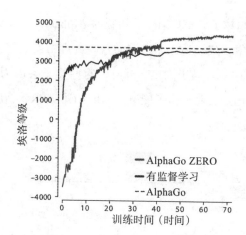

图 5.5　AlphaGo ZERO 和 AlphaGo 的比较（其中之一）[79]

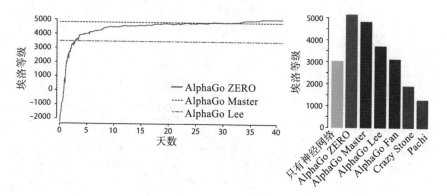

图 5.6　AlphaGo ZERO 和 AlphaGo 的比较（其中之二）[79]

　　最近还发表了 AlphaGo 被拓展应用到国际象棋和将棋领域的游戏 AI——AlphaZero，AlphaZero 不需要预备知识也可以变得很强大[80]。这个系统基于自我对弈的强化学习和蒙特卡罗树搜索创建。图 5.7 表示了 AlphaZero 的学习过程。这是一个使用 5000 多个 TPU 进行了 700 000 步（step）的学习过程。图 5.7 中分别表示了国际象棋、将棋、围棋的埃洛等级。作为参考，还显示了 AlphaGo ZERO、AlphaGo Lee、Elmo⊖的等级。经过 4 小时训练以后，

　　⊖　2017 CSA（Computer Shogi Association）的冠军程序。

AlphaGo ZERO 就超越了 Stockfish $^\ominus$。初版的 AlphaGo 的深度学习结构（CNN）虽然适合于围棋，但不代表适用于所有游戏。其理由就是将棋、国际象棋的棋盘盘面并非对称，这一点异于围棋。此外，有些棋子会因为所在位置的不同，其走法也会产生变化。因此，为了能够让 AlphaGo ZERO 适应国际象棋和将棋需要改进和拓展算法功能。

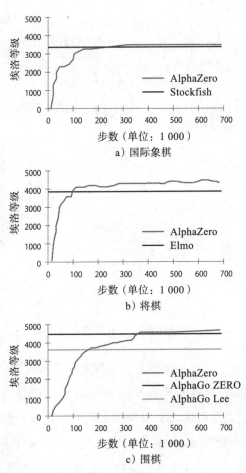

图 5.7　AlphaZero 的学习过程

　　然后，有一位职业选手在观战柯洁和 AlphaGo 对弈时，做出了这样的
评价："明明都是相同规则，但感觉 AlphaGo 在玩完全不同的游戏"[42]。
AlphaGo 取胜的结果，在某种程度上是在 AI 相关从业者的意料之中的。开局
第一步，AlphaGo 就走出了不寻常的路，被误以为计算机下围棋还是不行。但
是，最终还是以人们没见过的棋谱取得了胜利。另外，正如本章开头所引用的，
一名将棋玩家观看了 50 场 AlphaGo 的自我对弈棋谱时说："这还是围棋吗？"
这让我想到了如 1.3 节所述的 "游戏 AI 是否会剥夺人类的乐趣" 的人工智能的
课题。

5.2　DQN 和街机游戏

　　对于我这一代人来说，街机 Atrai2600（雅达利）（见图 5.8）是个令人怀念
的电子游戏，当时许多年轻人非常热衷于这个游戏。这个游戏是可以被深度学
习攻克的 [66]。令人震惊的是，在 AI 学习的过程中不需要告诉它任何规则。只
要给予 AI 游戏当前的局面（游戏画面的截图）和分数，就可以通过学习规则获
得凌驾于人类水平的技能。

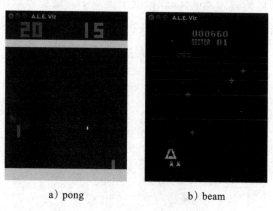

a) pong　　　　　　　b) beam

图 5.8　雅达利游戏 [49]

对这个游戏进行学习的难点在于成功或失败的结果不会立即显现。在游戏进行的过程中，通常不清楚某一举动会导致高分或失败。使用神经网络进行训练时，如果无法立即获得正确或错误的反馈，就无法适用于反向传播。

针对这种问题，采用强化学习是一种有效的解决方法。强化学习是一种基于环境的奖励，并根据情况学习适当的动作而无需对任务进行正确动作指示的方法。Q 学习是强化学习中的一种方法，它对于状态 s 和动作 a 组成的动作价值 $Q(s,a)$（被称为 Q 值）进行预估。将某一时刻 t 的状态 s_t 采取动作 a_t 的结果，转移到新的状态 s_{t+1} 并取得奖励 r_{t+1}，Q 值的迭代公式如下所示。

$$Q(s_t, a_t) \Leftarrow Q(s_t, a_t) + \alpha[r_{t+1} + \gamma \max_{a_{t+1}} Q(s_{t+1}, a_{t+1}) - Q(s_t, a_t)] \qquad (5.5)$$

在这里 α 表示学习率（$0 < \alpha \leq 1$），γ 表示折扣因子（$0 \leq \gamma \leq 1$）。$r_{t+1} + \gamma \max_{a_{t+1}} Q(s_{t+1}, a_{t+1})$ 考虑在接下来的状态中选择能够获得最大 Q 值的动作。也就是说，式（5.5）让 Q 值更接近于最优值而更新迭代。此外，关于强化学习中的 Q 学习的详细内容请参考文献 [10]。

在强化学习中，从给定问题的初始状态到由于任务完成或失败而导致的最终状态的一系列试验称为 episode。在电子游戏中，更新分数相当于结束状态。在 Q 学习中，不断重复 episode，并且在 episode 中通过应用式（5.5）的更新公式来进行学习。综上所述，Q 学习算法表示如下所示。

> $Q(s, a)$ 进行随机初始化；
> repeat（关于全部 episode）{
>   初始化 s；
>   while s（不为最终状态）{
>   根据 Q 导出的策略，对于 s 选择动作 a；
>   选择动作 a，并观察奖励 r 和接下的状态 s'；

对于所有的 a'

　　搜索 $Q(s',a')$ 的表（table），找到最大值 $\max_a Q(s', a')$；

$Q(s, a) \Leftarrow Q(s, a) + a[r + \gamma \max_a Q(s',a') - Q(s, a)]$；

$s \Leftarrow s'$；

　　}

　}

在学习过程中，将每个状态下最大化 Q 值的动作视为最优动作。理想情况下应选择最优动作。但是，使用这种策略（贪婪方法）时，学习会产生偏差，并且可能会陷入局部最优解。因此，根据玻尔兹曼分布，提出了随机选择动作的方法或以一定概率随机选择动作的方法。已被证明基于式（5.5）$\max_a Q(s_t, a)$ 最终会收敛于最优动作。

在 Q 学习中，构建合适的状态空间很重要。如果状态空间不合适，则不会获得最优动作。状态空间随着定义状态的状态变量的数量呈指数增长。在复杂的环境中，状态空间的爆炸式增长使得无法应用 Q 学习。

对于街机游戏来说，状态为游戏局面（即屏幕截图或快照）$^{\ominus}$。自然而然地，它变成了 Q 学习无法处理的巨大状态空间。为了解决这个问题，已经提出了一种方法——结合 CNN 和 Q 学习的 DQN（深度 Q 网络）[66]。有关深度学习和 CNN 的更多信息，请参考文献 [7]。

简而言之，DQN 就是使用可以近似任意函数（通过参数 θ）的函数 $Q_\theta(s,a)$，来尽可能近似拟合 $Q(s,a)$。根据这一点，就算状态 s 很庞大也能求得 $Q(s,a)$。Mnih 等人 [66] 为了使学习高效化采用了以下方法。

• 从学习开始时就记忆状态 + 动作 + 奖励的组合。

$\ominus$　传统的 AI 方法主要使用局部抽象化的信息（自身和敌人的位置坐标、棋子的状态等），但是状态空间仍然很庞大。

- 更新网络时，随机采集小批量（mini-batch）$^{\ominus}$数据作为训练数据。

基于以上方法，可以简单地通过提供奖励来学习如何玩 Atari（雅达利）游戏，并且可以高效地玩游戏。DQN 的唯一输入是游戏分数和屏幕的像素值（60Hz颜色信息）（210×160）（见图 5.9）。在输出层中，节点数等于操纵杆的可操作动作数的数量。使用 CNN 处理输入信息，并且进一步训练 CNN 的输出值以通过网络输出适当的 Q 值。根据式（5.5）计算正确的 Q 值。

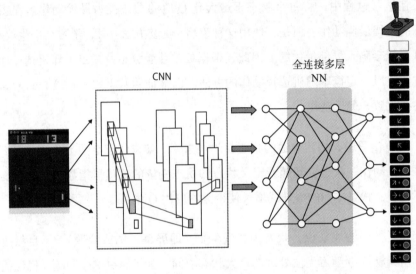

图 5.9　DQN

实际运行 DQN 后，图 5.10 显示了学习过程中 pong 和 beam 的分数（差异）。DQN 最初动作笨拙、学习效果不佳，但一段时间后分数不断提高，经过大约 200 万次重复学习，达到了人类无法与之竞争的水平。文献 [66] 中表示，学习后会使 DQN 在 49 款游戏中的表现优于传统的算法计算和人类高手。

$\ominus$　一次性使用所有训练数据被称为批量学习。另一方面，小批量学习是一种将训练数据划分为较小单位（小批量）（或随机选择）并执行多次学习的方法。小批量的大小称为"小批量尺寸"（mini-batch size）。

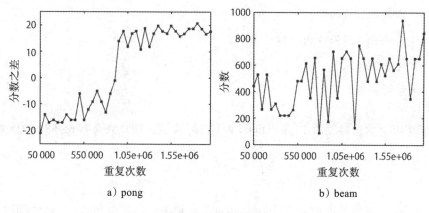

a）pong   b）beam

图 5.10　游戏的分数

请注意，我们在这里不教 AI 任何游戏规则。它不知道如何移动操作来获得较高的分数。AI 通过反复试验、试错，学习游戏的内容和策略。

5.3　进化的马里奥

4.4 节中描述的 AI 马里奥是由在 Java 环境中开发的 MarioAI Benchmark 提供的。在 Mario Competition 的 Learning Track 中，使用各种 AI 技术创建控制器部分（以下称为"agent"）。使用执行了指定次数学习的 agent 继续闯关，并以分数进行竞争。

接下来要说明的学习例子采用遗传算法（Genetic Algorithm, GA）[29] ⊖。

agent（马里奥）会认识以下信息。

- 自己周围 7 个附近区域中的如下信息（除正下方以外的上、下、左、右、
  对角线）：

⊖　源代码可通过 https://github.com/AkitoSeki/marioAI/tree/master/src/ch/idsia/agents 获得。
　　GAAgent.java 是基于遗传算法的 agent。除此之外，还用很多通过神经网络进行学习的 agent。

◎是否有敌人？

◎是否有对象（object）？

- 是否能跳跃？
- 是否着地？

如果把以上信息都以值 1（是）和 0（否）进行表达，则总共会有 65 536 种模式：

$$2^{7+7+2} = 2^{16} = 65\ 536$$

因此，遗传基因的长度为 65 536，并且每个基因座都包含该 agent 当时所采取的动作（的数值）。这个数值表示马里奥是否有以下动作，1 为有，0 为无。

- 下降（down）。
- 跳。
- 左进。
- 右进。
- 扔火球 / 冲刺。

也就是说，数值是从 00000 到 11111 为止（从 0 到 31）。比如对于图 5.11 的场景，从环境输入的信息以如下形式呈现。

```
0010000    1000000        1            1
 敌情      物件           可跳         着地
```

从马里奥的角度来说，敌人和物件以如下相对位置的有无来表示。

```
(1,-1) (1,0) (1,1) (0,1) (-1,1) (-1,0) (-1,-1)
```

$$0010000\ 1000000\ 1\ 1 = 2^{13} + 2^8 + 2 + 1 = 2^{13} + 256 + 2 + 1 = 8451 \quad （5.6）$$

因此，第 8451 个遗传座里的值被取出来。假设这个值为 10 进位且为 11，对它进行解码：

$$11_{10} = 2^3 + 2 + 1 = 01011 \qquad (5.7)$$

所以接下来，马里奥的动作是跳 + 右进 + 扔火球 / 冲刺。

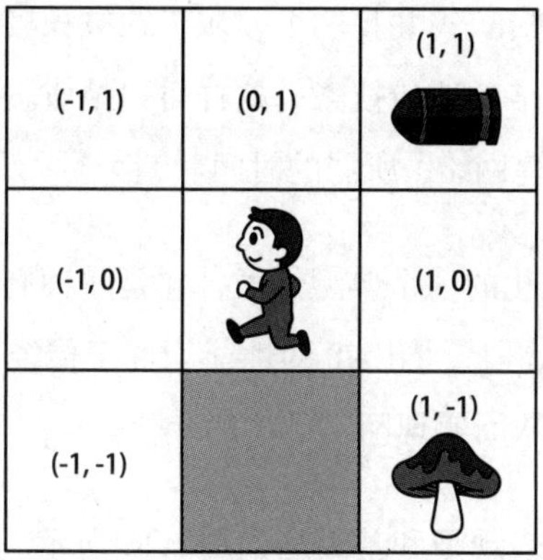

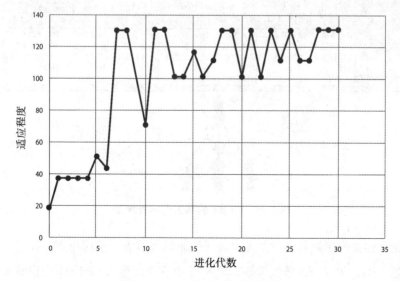

图 5.11　GA 马里奥

图 5.12 展示了 GA 马里奥进化的过程。图 5.12 描绘了进化代数和适应程度（马里奥的移动距离）。在这里以 100 个种群、10% 的突变率和 50% 的交叉率进行实验。从图 5.12 中可以看出，该策略随着进化代数的增加适应程度变得更好了。

图 5.12　GA 马里奥进化的过程

5.4   神经进化

集成了进化方法和神经网络的进化神经网络（Evolutionary Artificial NN, EANN）被称为"神经进化"，并且这个领域正在被积极研究中。进化神经网络的关键特征是对最佳网络的遗传搜索。这样可以节省搜索正常神经网络（例如通过反复试验、试错构建网络）所需的时间和精力。

NEAT [81] 是神经进化的一个典型例子，它是一种有效优化神经网络结构和参数的方法。在许多问题上，NEAT 的性能均优于传统方法。通过使每一代少量的小型网络复杂化，从而实现网络结构的变化。

基于 NEAT 的网络表现型和基因型如图 5.13 所示。基因型包含以下信息。

- 节点信息：输入节点、隐藏节点、输出节点的清单。
- 连接信息：连接 2 个节点的弧的清单。

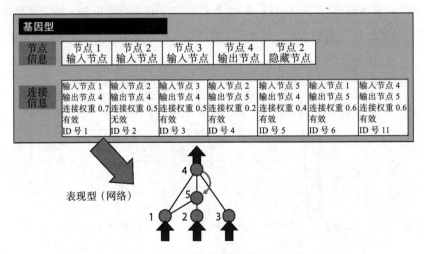

图 5.13   NEAT 的基因型和表现型

连接信息包括位于弧首端的节点，位于弧末端的节点、连接权重，弧是否有效的标志（flag）以及 ID 号。例如，图 5.13 中有 3 个输入节点，1 个隐藏节点和

1个输出节点。此外还描述了另外7个弧，其中第二个无效，因此表现型中它不会被发现（网络中没有等效的弧）。

NEAT 有 2 种突变（见图 5.14）。

- 节点的追加。
- 弧的追加。

在图 5.14 中使用序列记述基因中的连接信息。每个基因上方的数字是 ID 号。每个新基因都会被分配一个 ID 号，这样它的编号就会增加。在图 5.14 的上面的示例中，添加了一个弧。在这种情况下，新基因（弧）将被赋予下一个可用的 ID 号（7）。在图 5.14 的下面的示例中，首先禁用要分离的弧，然后添加 2 个新的弧基因（ID 号 8 和 9）。在 2 个弧的中间添加了一个新节点，并将其描述为新的节点信息基因（图中未显示节点信息）。

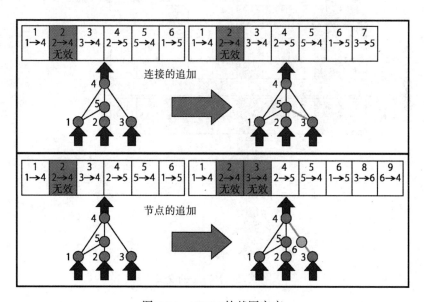

图 5.14　NEAT 的基因突变

基因交配后，孩子会继承与父母的基因相同的 ID 号，即 ID 号不变。以这种方式表达 ID 号，使得可以知道每个基因的来历（祖先）。

图 5.15 显示了 NEAT 的交叉。父母基因 1 和父母基因 2 具有不同的形式，但是可以通过查看共同 ID 号来确定哪些基因匹配。匹配的基因是随机遗传的。相反，不一致的基因（中间不匹配的基因）和多余的基因（末尾不匹配的基因）从更紧密匹配的父母基因遗传而来。图 5.15 假定两个父母的适应度相同，因此它们都是随机继承的。无效的基因将来可能有效，也有可能无效。

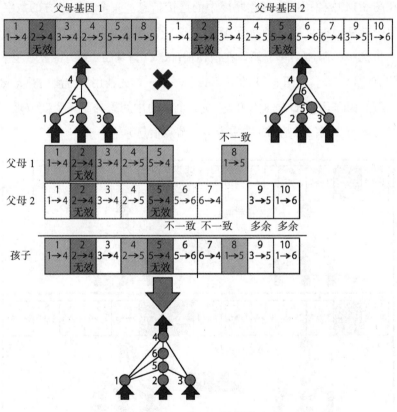

图 5.15   NEAT 的交叉

NEAT 已应用于游戏 AI 等各个领域，其有效性已得到证实。下一节中，我们根据 4.9 节所述的 CIG 模拟器，对吃豆人的神经进化进行实验。

5.5 吃豆人的神经进化

在电子游戏"吃豆人"中，模块化的 NEAT 的性能优于传统方法[75]。该 NEAT 同时表现了多个模块。每个模块都学习不同的策略，选择何时使用哪种策略的能力也同时获得了进化。将幽灵和吃豆人的位置作为特征值进行输入。DQN（见 5.2 节）被指出，在"吃豆人"这类游戏中它的能力没有完全发挥出来，在这类游戏中，奖励和惩罚来得晚，必须从长远的角度来判断条件。模块化的 NEAT 学习"诱饵模块"，并根据情况正确使用该模块，从而成功获得积分。接下来，我们将通过仿真实验对此进行验证。

基于 Brandstetter 和 Ahmadi[52] 的方法确定了神经网络的输入传感器。在此，使用以下 3 种类型的传感器。

- 敌人方向指向的传感器。
- 其他事物方向指向的传感器。
- 不是方向指向的传感器。

方向指向的距离定义为在不反转的情况下行驶到对象物体时的最短路径距离⊖。最大距离为 200，所有传感器值均调整为 [0,1]。表 5.3 总结了以上内容。有 16 个敌人方向指向的传感器（有 4 个敌人）。

- 与敌人的距离（按距离排序）。
- 敌人是否正在接近。
- 与敌人之间是否存在交叉路口。
- 敌人的状态（"威胁"状态为 0，"可食用"状态为 1）。

其他事物方向指向的传感器有以下 4 种。

⊖ 如果允许反转，则计算最短路径距离会很麻烦，因此不允许反转。

- 最近的药丸
- 距强力药丸的距离
- 30 步内存在的药丸数量的最大值
- 下一个交叉路口的选项（Option from Next Junctions，OFNJ）

OFNJ [75] 是可以从最近的交叉路口安全到达的其他交叉路口数量。交叉路口的安全性取决于敌人是否会通过吃豆人的路线。OFNJ 在避免死于敌人方面非常强大。

表 5.3　吃豆人的传感器输入

输入变量	值	特征
$g_1, \cdots, g_4$	[0, 1]	与敌人的距离
$a_1, \cdots, a_4$	0, 1	敌人是否正在接近
$j_1, \cdots, j_4$	0, 1	与敌人之间是否有交叉路口
$e_1, \cdots, e_4$	0, 1	敌人的状态
pill	[0, 1]	离最近药丸的距离
powerPill	[0, 1]	离最近强力药丸的距离
pillsWithin30steps	[0, 1]	30 步内药丸数量的最大值
OFNJ	[0, 1]	下一个交叉路口的安全程度
powerPillWithin10steps	0, 1	10 步以内是否有强力药丸
bias	1	偏置值

非方向指向的传感器与 10 步之内是否有强力药丸有关。另外，将一个幅度为 1 的偏置值添加到输入。

图 5.16 显示了神经进化过程中第一代神经网络的拓扑结构。输入数量为 22，隐藏层数量为 2，输出数量为 1。网络结构和参数随着它们的发展而动态变化。为吃豆人移动的每个方向考虑一个单独的神经网络。agent 按照其输出值最大化的方向前进。

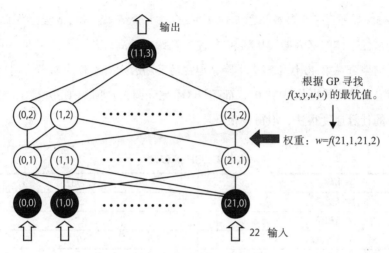

图 5.16　神经网络的初期结构

　　在这里，网络的拓扑是使用遗传编程（GP）构建的，而不是使用 CCPN 构建的。如图 5.17 所示，网络具有坐标。通过将两端节点的坐标输入到 GP 创建的 4 个变量的函数中，可以获取链接的权重。

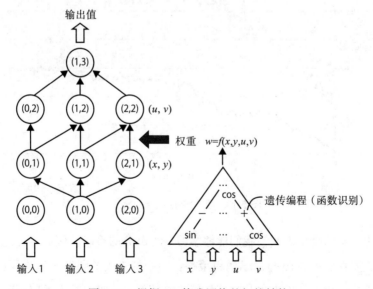

图 5.17　根据 GP 构成网络的拓扑结构

表 5.4 显示了 GP 参数，图 5.18 展示了其实验结果。表 5.5 显示了每一代获得的最优个体的基因型。从第 80 代左右开始，最高分几乎保持不变。可以看到，平均得分在第 40 代中略有下降，但之后又略有上升。作为参考，向最近的药丸前进的策略的得分是 3 703，而随机（不允许调头）策略的得分是 1 853。这些策略的计算速度很快，但得分很低。

表 5.4　GP 的参数

个体数	300
选择比例	0.09
选择阈值	0.7
树结构的最大深度	50
交叉率	0.9

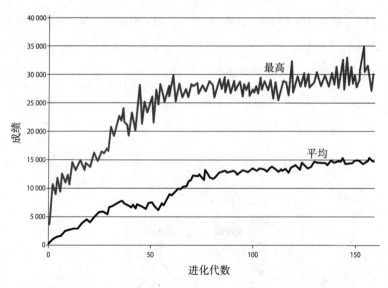

图 5.18　实验结果（吃豆人）

进化实验的结果表明，我们能够学习获得高分的策略，例如尽可能引诱敌人，避免死亡。图 5.19 显示了诱饵策略，图中的较大的圆形物体是强力药丸。诱饵策略是将敌人拉近再将其吃掉的好策略。但是，吸引敌人并服用强力药丸所需的时间很长，有时会在还未服用强力药丸时就达到游戏时限，从而错过获得高分的机会（吃掉可食用的敌人）。我们需要使用兼顾时间限制的传感器才能改良游戏表现。

表 5.5　各代的 GP 最优个体

进化代数	评价值 [s]	$f(x_1, y_1, x_2, y_2)$
0	3660.0	`((((sin((sin(x2)-cos(x1)))-(((x1-x1)-(y2*y2))/sin(sin(y1))))` `*cos((sin(sin(x1))+sin(sin(y1)))))/(((cos(cos(y2))/sin(sin` `(x2)))/cos(((x1*y2)*cos(y1)))))/sin(cos(((y2+x1)*cos(y1)))))))` `*cos(sin((((y1-x1)*cos(y2))+((y1+y2)-sin(x2))/(cos((y1*x1))` `*(sin(y2)+(x1*x2)))))))`
50	26 160.0	`((((sin((sin(x2)-cos(x1)))-((cos((sin(sin((y1+((x1*y2)*cos(y1)))))` `/x1))-x1)/sin(sin(y1)))*cos((sin(sin(x1))+sin(((sin(sin((sin(x1)+` `(y2/(cos(cos(y2))+y1)))))/x1)+(y2/(cos(cos(y2))+y1)))))))))/` `(((cos(cos(((y2+x1)*cos(y1))))/sin(sin(sin(x2))))/cos(((x1*y2)` `*cos(y1))))/sin(cos(((y2+x1)*cos(y1))))))*cos(sin(((((y1-x1)` `*cos(y2))+((y1+y2)-sin(sin(x1))))/(cos((y1*x1))*(sin(y2)+(((x2*` `sin(cos(((y2+x1)*cos(y1)))))-x2)*(sin(x1)+(x2/y1)))))))))`
150	27 790.0	`((((sin((sin(x2)-cos(x1)))-(((y2-x1)-x1)/sin(sin(y1))))*` `cos((sin(sin(x1))+sin(((sin(sin((y1+(y2/(cos(sin(cos(((y2` `+sin(sin((cos((y1+(((y1+(cos(((((sin(x1)/sin(y2))*sin(cos(x1)))` `+(((cos((((y2*x1)/(y1*x1))-cos(cos(y2)))+cos(((y1+y1)` ...... （接下来内容省略，因为还需要占用额外一页）

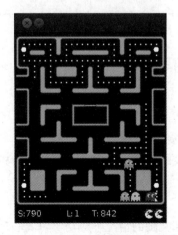

图 5.19　诱饵策略的例子（吃豆人）

另外，还有一个问题，就是在达到时间限制之前就把寿命消耗完导致游戏终结的问题。即使在某种程度上得以幸存，在获得物品过程中也会被敌人包围从而被杀死。为避免被敌人包围，应尽可能避免太靠近交叉路口，并尽量注意所有敌人的动向。OFNJ 会有一定效果，但是它有其局限性。为了获得更高的准确性，你可能需要检查其他交叉路口的安全性，例如下一个交叉路口的下一个交叉路口等。然而，还存在计算量急剧增加的缺点。

最后，我将其与其他 AI 方法 [52,75] 进行了比较。结果如表 5.6 所示。神经进化超越了我们所比较的其他方法。如上所述，本实验使用一种称为 OFNJ 的传感器。从权重的大小也可以看出，传感器在获得高分方面起着很大的作用。将来，期望使用神经进化来进一步改善性能。

表 5.6   在吃豆人游戏上与其他算法的比较

算法	最优个体的分数
GP	20 760
ACO	20 850
蒙特卡罗树搜索	22 760
GP+ 训练	31 850
神经进化	34 940

5.6   充满好奇心的马里奥

与使用强化学习的游戏 AI 相关的研发正在被积极推进。然而，在实际游戏的应用中，经常缺少或很难获得强化学习的奖励。例如，仅在达到预设目标时才给予更改强化学习策略的奖励。因此，就算有时碰巧到达目标可能也没有什么意义。

幼儿可以在没有外部奖励的情况下成功学习。心理学家认为这是由于内部奖励。这种内部奖励被称为"好奇心"或"内部动机"。

以相同的方式，在强化学习中增加内部奖励（好奇心）被认为对于学习很少获得外部奖励的游戏是有效的。下文中，我将解释基于文献 [70] 的，在超级马里奥中实现好奇心的实验。有关标准强化学习的详细信息，请参见 5.2 节或参考文献 [9]。

如上一节所述，在强化学习中，学习的主题（使用游戏 AI 设计的控制器）称为"agent"。内部奖励分为两类。

- 鼓励 agent 探索新条件。
- 鼓励 agent 采取动作以减少其动作结果的预测误差。

有内部奖励之后，充满好奇心的 agent 就会学习没有外部奖励的好的策略。例如，仅凭好奇心学习的 agent 可以成功克服超级马里奥 1 级关卡的困难。此外，在 1 级关卡学习的策略使 agent 能够更快地通关后续的关卡级别。这些结果意味着拥有好奇心的 agent 可以在没有明确目标的情况下学会泛化能力。

拥有好奇心的 agent 由以下两个部分组成。

- 奖励生成器：内部奖励的生成。
- 策略：输出动作序列，使奖励最大化。

t 时刻的内部奖励和外部奖励分别写为 r_t^i 和 r_t^e。时刻为 t 时，agent 能得到的奖励为 $r_t = r_t^e + r_t^i$，策略以最大化该值为目标进行训练。在下文中描述的情况，外部奖励 r_t^e 几乎为零。

图 5.20 展示了好奇心模块（Intrinsic Curiosity Module, ICM）的例子。处于状态 s_t 的 agent 从现有的策略 π 中采集到动作 a_t 并执行，以此和环境进行互动，然后作为结果移向状态 s_{t+1}。策略 π 是基于从环境 E 获得的外部奖励 r_t^e 与由 ICM 生成的内部奖励 r_t^i 的好奇心之和进行学习，使奖励最大化。ICM 会

把状态 s_t 和 s_{t+1} 的特征值转换为 $\phi(s_t)$ 和 $\phi(s_{t+1})$，训练神经网络从而能够预测 a_t（如下文所说的反向动力学模型）。前向模型将 $\phi(s_t)$ 和 a_t 作为输入，用神经网络预测 s_{t+1} 的特征值 $\phi(s_{t+1})$。特征空间的预测误差作为好奇心的内部奖励使用。对于 $\phi(s_t)$ 来说，不需要对 agent 的动作没有影响的特征进行编码，学习后的搜索策略被认为能够对环境中不可控因素保持鲁棒性。

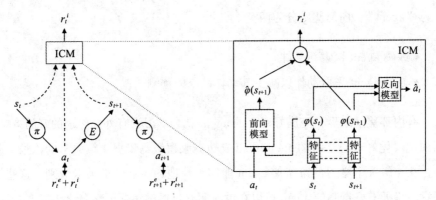

图 5.20　好奇心模块的例子

更加形式化的描述如下所述。由以下公式思考学习函数 g。

$$\hat{a}_t = g(s_t, s_{t+1}; \theta_I) \qquad (5.8)$$

在这里，$\hat{a}_t$ 是动作 a_t 的预测值，神经网络的参数 θ_I 通过以下公式进行优化学习。

$$\min_{\theta_I} L_I(\hat{a}_t, a_t) \qquad (5.9)$$

L_I 是动作预测与实际动作之间差值的损失函数。如果动作 a_t 是离散值，那么 g 的输出就是所有动作的概率分布函数 softmax（见 5.1 节），基于多重正态分布对 θ_I 的最优推定来最小化 L_I。被训练后的函数 g 就是反向动力学模型。agent 利用策略 $\pi(s)$ 与环境不断地相互作用从而获得 g 学习过程中需要的 (s_t, a_t, s_{t+1}) 的输入组合。

　　除了反向动力学模型，前向模型 f 也是通过神经网络进行训练。该模型的输入为 a_t 和 $\phi(s_t)$，预测 $t+1$ 时刻的状态编码的特征值。

$$\hat{\phi}(s_{t+1}) = f(\phi(s_t), a_t; \theta_F) \tag{5.10}$$

在这里 $\hat{\phi}(s_{t+1})$ 是 $\phi(s_{t+1})$ 的预测值。通过对下面的损失函数公式进行最小化，从而对神经网络的参数 θ_F 进行最优化。

$$L_F(\phi(s_{t+1}), \hat{\phi}(s_{t+1})) = \frac{1}{2} \parallel \hat{\phi}(s_{t+1}) - \phi(s_{t+1}) \parallel \tag{5.11}$$

内部奖励 r_t^i 通过如下公式获得。

$$r_t^i = \frac{\eta}{2} \parallel \hat{\phi}(s_{t+1}) - \phi(s_{t+1}) \parallel \tag{5.12}$$

其中 η 是缩放系数。换句话说，内部奖励是动作结果的预测误差。

　　将所有这些集成的总体最优化公式如下所示。

$$\min_{\theta_P, \theta_I, \theta_F} [-\lambda \boldsymbol{E}_{\pi(s_t; \theta_P)}[\Sigma_t r_t] + (1-\beta)L_I + \beta L_F] \tag{5.13}$$

第一项是为了将奖励最大化的策略的优化部分。β 是处于 0 到 1 之间的值，从而赋予反向模型和前向模型的权重。此外，$\lambda > 0$ 是赋予策略损失值的权重。

　　在这里，我们来尝试使用超级马里奥基于内部奖励的好奇心模块。在没有任何外部奖励的情况下，拥有好奇心的马里奥能够在 1 级关卡中学习，并使得分提高 30%。即使 agent 杀死 / 躲避敌人或避免灾难性事件没有回报奖励，agent 也会自动摸索到这些动作。这表明好奇心可以间接地指导学习有趣的动作。为了保持好奇心，必须让 agent 学习如何杀死、避开敌人并到达游戏空间的新区域。如果被敌人杀死，那么只会看到游戏空间的一小部分，并且好奇心也会饱和。

拥有好奇心的马里奥在没有任何外部奖励时，使 1 级关卡的得分提高 30%。但接下来无法超过这个极限的原因之一是 38% 的游戏都有陷阱。需要连续使用 15 到 20 次特定的动作才能克服该陷阱。如果 agent 无法按此动作序列进行操作，那么将陷入陷阱并死亡。最终，无法从环境中获得奖励就是由于这些原因。

那么，经过学习的策略的一般性（泛化能力）如何呢？也许拥有好奇心的马里奥只记得环境并且可能没有有效地进行搜索。为了证实这一点，让我们看一个事实，经过学习的动作不仅适合特定的游戏空间，而且也非常适合新的场景。在这里我们为了从状态 s_t 提取特征值 $\phi(s_t)$，使用具有 4 层卷积层的 CNN 网络。各个层由 32 个过滤器和 3×3 的卷积核组成，输出维度（$\phi(s_t)$ 的维度）为 288。反向动力学模型中，把 $\phi(s_t)$ 和 $\phi(s_{t+1})$ 连接变成一个向量特征值，并输入到 256 个单元的全连接神经网络。输出层具有与可能的动作种类相应的单元数。前向模型也将 $\phi(s_t)$ 和 a_t 连接，并输入到 2 层的全连接网络（各个层的单元数分别为 256 和 288）。此外，我们把 β 的值设为 0.2，λ 的值设为 0.1。并且，把式（5.13）的学习率设为 $1.0 \times e^{-3}$ 进行最小化。

首先，在没有任何外部奖励的情况下在 1 级关卡的场景中训练拥有好奇心的马里奥（scratch）。接着让得到的策略在新场景（2 级关卡和 3 级关卡）中进行测试。这时使用如下 3 种方法。

- 直接（不进行改变）适应新场景（run as is）。
- 只是基于好奇心的内部奖励进行微调来适应（fine-tuned）。
- 基于外部奖励进行再调整来适应（scratch）。

表 5.7 表示了 scratch、run as is 以及 fine-tune 的比较结果。在 2 级关卡和 3 级关卡中，scratch 在没有外部奖励的情况下再次学习。

表 5.7 "超级马里奥兄弟" 中的实验结果

	1级关卡	2级关卡				3级关卡			
	scratch	run as is	fine-tuned	scratch	scratch	run as is	fine-tuned	scratch	scratch
重复次数	1.5M	0	1.5M	1.5M	3.5M	0	1.5M	1.5M	5.0M
平均 ± 标准偏差	711 ± 59.3	31.9 ± 4.2	466 ± 37.9	399.7 ± 22.5	455.5 ± 33.4	319.3 ± 9.7	97.5 ± 7.4	11.8 ± 3.3	42.2 ± 6.4
距离达到 200 以上的比例	50.0 ± 0.0	0	64.2 ± 5.6	88.2 ± 3.3	69.6 ± 5.7	50.0 ± 0.0	1.5 ± 1.4	0	0
距离达到 400 以上的比例	35.0 ± 4.1	0	63.6 ± 6.6	33.2 ± 7.1	51.9 ± 5.7	8.4 ± 2.8	0	0	0
距离达到 600 以上的比例	35.8 ± 4.5	0	42.6 ± 6.1	14.9 ± 4.4	28.1 ± 5.4	0	0	0	0

首先，让我们看看用无调整的 agent 进行更高级关卡的测试（run as is）。在表 5.7 中，将获得的策略以原始状态应用于 2 级关卡和 3 级关卡时，测量 agent 可以前进的距离。该策略在 3 级关卡中的表现非常好。鉴于 3 级关卡的结构和敌人与 1 级关卡不同，这意味着拥有好奇心的马里奥具有泛化性。但是，当我使用无调整的策略尝试 2 级关卡时，结果并不理想。这与 3 级关卡的结果不同，但是可能是 3 级关卡与 1 级关卡相似（白天环境）但 2 级关卡完全不同（夜间环境）这一事实导致的（见图 5.21）。也许通过再调整，可以期待能够适应于 2 级关卡。

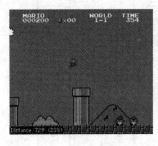

a）1 级关卡   b）2 级关卡

图 5.21   超级马里奥兄弟

当仅在 1 级关卡使用内部奖励进行学习，并且仅在内部奖励下再调整至 2 级关卡时，获得的分数要比从头开始学习（scratch）要高。原因之一是 2 级关卡比 1 级关卡更困难。因此，从头开始学习基本技能（例如在 1 级关卡的移动、跳跃和杀死敌人）可能会很有用。也就是说，首先在最初的关卡（1 级关卡）上进行预学习，然后进行再调整将有助于泛化。换句话说，agent 可以利用在 1 级关卡游戏中获得的知识更好地探索随后的关卡。这是游戏设计师有意使用的策略，也是人类玩家逐渐学到的游戏策略。

但是，有趣的是，将预学习的策略从 1 级关卡调整为 3 级关卡会导致性能不如 run as is。这是因为 3 级关卡中 agent 很难越过某个点。agent 在到达这个困难点之前了解并学习了大多数环境。因此，agent 不再拥有好奇心。结果，agent 不得不以几乎为零的内部奖励进行更新，从而导致性能不佳。这种行为类似于人类在学习的过程中陷入瓶颈感到泄气想要放弃的现象。如果无法取得进展，则 agent 会感到无聊并停止搜索。

在其他游戏（VizDoom[⊖]）中，将只有内部奖励学习的 agent 进行预训练，然后再放到外部奖励进行训练微调从而适应新场景。结果，与从一开始就训练 ICM（外部奖励和内部奖励之和）时相比获得了更高的奖励。这个结果表明，采用好奇心会有很好的泛化能力。

有关这些研究的详细信息，请参考文献 [70]。我在另一个游戏中测试了好奇心模块的有效性。在 pong 游戏（见图 5.8a）和 seaquest[⊖]的实验中，我观察到，即使外部奖励非常低，分数也会随着好奇心模块的增加而提高。但是，有时也会观察到极端劣化的结果。因此，尽管好奇心模块有些效果，但仍有改进的空间。尤其是，在诸如 pong 之类的简单游戏中很难保持好奇心，这可能会导致学习不够完全。

希望将来可以扩展这些方法，以实现更像人类的好奇心。例如，一些研究已将访问状态的次数（模拟访问次数）的近似值扩展为贝叶斯方法，以实现有效的好奇心模块 [50]。这种方法在 Montezuma's revenge（被认为是 Atari 2600 中最难的游戏）上表现出色。此游戏中，agent 探索不同的房间，每个房间都有一个陷阱。传统的方法（例如 DQN）在 1 级关卡的 24 个房间中的大多数都失败了，因为它们很少得到奖励。把模拟访问计数加入好奇心中，可以以 DQN 的一半帧数实现更高的性能。

　　⊖　Doom 是三维游戏。使用游戏 AI 操作 Doom 的竞赛"Visual Doom AI Competition"曾被举办过。VizDoom 是一款可实时控制屏幕的竞赛软件。

　　⊖　seaquest 是一种打倒敌人救出人类的游戏，具有射击类的要素。

CHAPTER 6

第 6 章

游戏 AI 与类人化

"要和我下盘国际象棋吗？""不，我已经下腻了。要不我们来吟诗？"

你与能够打败任何人的程序之间的对话看起来可能就像这样。

——Douglas Richard Hofstadter[40]

6.1 为什么需要类人化的 AI

执行类人化行为的游戏 AI 在各种情况下都很有用。这对于调整商业游戏开发的难度和工具有很大帮助 [69]。它也可以用作教程或演示。针对人机联机游戏，你还可以与能够体现不确定性（像人类一样）的人工智能进行对弈和练习。

在我所知道的成人世界中，有使用麻将和高尔夫来"拍马屁"。当前的游戏 AI 很难胜任这一点。对于人类而言，这也并不容易。"拍马屁"这种行为需要高级 AI，仅仅击败对手的游戏 AI 是不够的。你需要高级智能，让对方无法发现你在故意放水。如果你的老板或高层知道你在故意放水，那就太糟糕了。据说与真实人类对战会比与人工智能对战更有乐趣 [63, 82, 86]。

基于以上原因，游戏 AI 的意义不单是为了取得高分，还包括能够拥有与人类相同的知觉以及思考方式，从而让人类对手产生自己真与真人进行对战的错觉。这或许才是游戏 AI 研究所要朝向的目标。

6.2　通用游戏是什么

目前，游戏 AI 都是针对特定的游戏（围棋、将棋、黑白棋等）作为研究对象，开发出"强到不会输"的算法。然而在这种情况下，研究成果往往依赖于特定游戏的规则，应用范围是有局限的。

近几年来，已经有更多通用游戏 AI 被研究。通用游戏玩法（General Game Playing，GGP）是游戏 AI 研究方向的框架之一。目的是实现能够玩各种游戏（包括未知游戏）的 agent（General Game Player，通用游戏玩家）。在 GGP 中，以专有语言编写的游戏规则会在程序运行时通过。agent 事先不了解游戏，因此需要在玩游戏时慢慢掌握游戏规则。调参也需要在玩游戏的过程中进行。也就是说，agent 需要在玩游戏的过程中获取与游戏相关的知识。因此，相较于特定游戏的 AI，这导向了学习因素更大、泛化性更强的 AI 研究。

关于 GGP 的想法可以追溯到 1968 年的研究 [58]。以 2005 年举办的国际竞赛（AAAI 以及 IJCAI 的 GGP 竞赛）作为契机，近几年的相关研究相当火热。

GGP 中各个游戏的规则由游戏描述语言（Game Description Language，GDL）[64] 描述。GDL 基于一种称为 Datalog 的查询语言，使用表 6.1 中所示的特殊关系语句以声明的方式描述游戏规则。通过在运行时接收此描述，agent 将知道规则。

表 6.1　GDL 的关系语句

(role P)	P 表示玩家
(init X)	在初始状态，事实 X 成立
(next X)	在接下来的状态，事实 X 成立
(true X)	在现在的状态，事实 X 成立
(legal P A)	在现在这个状态，玩家 P 可以选择动作 A
(does P A)	在现在这个状态，玩家 P 选择动作 A
(goal P R)	在现在这个状态，玩家 P 可以获得的奖励为 R
terminal	现在的状态为终端状态

游戏的每个局面都由一系列事实构成。例如，考虑如下所示的井字棋的例子。

如果使用 GDL 描述这个局面，则如下所示。

```
(cell 1 1 b) (cell 2 1 ○) (cell 3 1 ×)
(cell 1 2 b) (cell 2 2 ×) (cell 3 2 b)
(cell 1 3 b) (cell 2 3 ×) (cell 3 3 ○)
(control xplayer)
```

GGP 可以用于西洋跳棋（交互式的双人游戏，见 1.5 节）以及 3 人以上的石头剪刀布的游戏。但也有如下限制条件[64]：

- 状态以及动作的可能数量必须是有限的。
- 必须是决定性的，没有随机因素。
- 没有对玩家隐藏信息。
- 从游戏开始到终止，玩家的数量不允许发生变化。

由于这些限制，GGP 无法描述西洋双陆棋（包含随机因素）和扑克（具有隐藏信息）。由于这个原因，还提出了 GDL-II（不完全信息的游戏描述语言，

Game Description Language for Incomplete Information），它扩展了 GDL 语法以处理非确定性游戏和不完全信息游戏 [83]。

表 6.2 列出了 2005 年至 2016 年 IGGPC（国际通用游戏竞赛，International General Game Playing Competition）的获胜程序及其算法。从表 6.2 中可以知道，许多程序使用如蒙特卡罗树搜索的随机模拟⊖。

表 6.2   IGGPC 的获胜程序

年份	名称	算法
2005	Cluneplayer	MIN/MAX 搜索
2006	Fluxplayer	MIN/MAX 搜索
2007	Cadiaplayer	蒙特卡罗树搜索
2008	Cadiaplayer	蒙特卡罗树搜索
2009	Ary	蒙特卡罗树搜索
2010	Ary	蒙特卡罗树搜索
2011	TurboTurtle	无具体相关信息（利用随机模拟）
2012	Cadiaplayer	蒙特卡罗树搜索
2013	TurboTurtle	无具体相关信息（利用随机模拟）
2014	Sancho	蒙特卡罗树搜索
2015	Galvanise	蒙特卡罗树搜索
2016	WoodStock	约束满足 + 蒙特卡罗树搜索

蒙特卡罗树搜索在 GGP 中被广泛使用，并在竞赛中不断取得好成绩 [56]。通过在树搜索中加入价值函数等游戏特有的知识来提高算法性能。藤田等人提出了一种用于学习 GGP 未知游戏的特有知识的算法 [36]。他们通过结合强化学习和特征扩展算法自动生成特征向量，并使用它们来搜索游戏树。

最近出现了关于通用视频游戏玩法（General Video Game Playing, GVGP）的研究。它以一种特殊的语言（通用视频描述语言，GVDL）描述通用视频游戏，并且每年都会举行国际大会。GVG 包含近 100 种视频游戏，其中包括

⊖ TurboTurtle 的搜索算法是 2011 年和 2013 年的获胜程序，源代码尚未公布，但它使用随机模拟这一点是很明显的。

"Aliens""Bomberman""Overload""Bait"和"Chipschallenge"，6.5 节中会使用它们。玩通用视频游戏的人工智能称为"通用视频游戏 AI"（GVG-AI）。

6.3　图灵测试和最类人化的 AI

计算机可以模拟人类的智能吗？换句话说，可以实现通用 AI（也称为"强AI"）吗？很久以前人们就普遍对这个观点抱着否定的态度。

> 分析引擎不要求创建任何新内容。它的真正用处在于能够执行我们的指令。
>
> Lady Ada Lovelace，1815—1852

Ada Lovelace 是英国诗人拜伦爵士（George Gordon Byron）的女儿，并且是世界上第一位程序员。分析引擎是英国数学家 Charles Babbage 在 19 世纪上半叶设计的机械式通用计算机。据说是 Ada Lovelace 写了第一个分析程序。Ada Lovelace 说："分析引擎无法自行开展任何工作。但如果人类知道如何命令它，那么它可以执行任何事情。"她还持有"无法实现人工智能"这一观点[⊖]。

1950 年，数学家兼人工智能之父 Alan Turing[⊜]撰写了一篇著名的论文，《反驳 Lady Ada Lovelace》。他的论文主旨如下所示。

> 虽然计算机无法进行独创性的活动，但人类也无法做到独创性。

Turing 对于"机器是否会思考"进行深思以后，认为"机器思考是可能的"。这篇论文出现了著名的"洋葱皮"比喻（"skin-of-an-onion"anology)[85]。

⊖ 传闻 Pablo Picasso 说过："计算机无用。它只会回答问题。"
⊜ 参考 1.2 节中的脚注。

> 研究思维或脑的功能时，我们发现一些操作完全可以用纯机械的方式解释。它们并不对应于一个真正的思维，所以把它们像洋葱皮一样剥离。但是这时，我们发现仍然有新的机械思维需要剥离，一直这样下去。用这样的方式，我们是否能够触达真正的思维，或者最终发现皮里面什么也没有了？

Turning 提出了一种强大而有争议的方法来确定机器是否具有智能，这称为"图灵测试"。

可以将图灵测试以现代语言描述为，使用电子邮件对满足以下条件的论坛进行测试的游戏。

- 一天，你在论坛上找到名为 A 和 B 的新人。
- 不管是向 A 还是向 B 发送信息，它们都会 100% 回信。
- 实际上，A 和 B 中有一个是人类，另一个是计算机。
- 不管提什么问题，都不知道哪个是计算机。

如果通过了此测试（也就是说，如果不知道哪个是计算机），则表示该程序成功地模拟了智能（至少在问题有效的前提下）。此类竞赛也在互联网上举办⊖。这项竞赛称为勒布纳（Loebner）奖，以其赞助人英国慈善家 Hugh Loebner 的名字命名。自 1990 年以来，已经颁发了 100 000 美元的奖金，但尚无符合验收标准的机器。

在勒布纳奖评审中，裁判员首先与 Sakura（人类）或 AI 程序聊天 5 分钟。然后与另一方聊天 5 分钟。然后，裁判员思考 10 分钟，并给他认为是人的一方投票。被认为是人且投票数最多的计算机就是"最类人化的计算机"（most human computer）。为了得到勒布纳奖中的高评价，重要的是需要如下表现[23]。

⊖　http://www.loebner.net/Prizef/loebner-prize.html。

- 故意犯一些人类容易出现的拼写错误。
- 能够像人类一样在输入过程中插入不规则的空档。

Turning 做出了如下的预言。

- 到 2000 年，将有 30% 的裁判员被成功欺骗，从而说明机器已经可以思考了。

虽然尚未实现真正通过图灵测试的机器，但在 2008 年似乎就差一步了。例如，Eugene Goostman 在 2001 年至 2008 年期间曾 5 次入围勒布纳奖。它模仿了一个 13 岁的乌克兰男孩。换句话说，英语被设置为第二语言。虽然它的大部分处理都是基于模式识别的，但是效果很好。经过 5 分钟的聊天后，有 33% 的裁判员判断它为人类。

作为人类的 Sakura 也将参与勒布纳奖。Sakura 会假设自己是计算机的前提下，伪装成人类，投票数最多的某一位 Sakura 将被评为 "最类人化的人类"（most human human）。对于我们人类来说，这似乎很容易，但并非总是如此。文献 [23] 详细记述了如何赢得最类人化的计算机（Most human computer）。关于勒布纳奖以及其他对话系统（也被称之为 chatbot，即聊天机器人）可参考相关的网站[⊖]。

在最近的竞赛中，问答时间已延长至 25 分钟。值得注意的是一个名为 "Mitsuku" 的聊天机器人。自 2013 年获胜以来，这款聊天机器人的排名一直靠前，并于 2016 年再次获胜。据报道，它在过去的表现比 Siri 还优异。但是，关于图灵测试和通用人工智能也有很多批评和争论。有关其详细信息，请参考文献 [5]。

一种用来量化游戏 AI "类人化程度" 的变形图灵测试也已被提出 [44]。在游戏 AI 版的该图灵测试中，人类裁判员观察 AI 所玩的游戏屏幕和人类所玩

⊖   http://www.chatbots.org/。

的游戏屏幕。目的是认识到人类无法复现的行为或难以理解的 AI 行为。此时，如果无法确定哪个是 AI，则将 AI 判断为"类人化"。图 6.1 展示了原始图灵测试和游戏 AI 版的图灵测试的示意图。在这两个测试中，裁判员都不知道哪个被判断者是人类。只有通过设置的信息路径获得的信息才能确定哪个是人类。但是，与原始图灵测试相比，游戏 AI 的测试具有单向信息流。另外，信息本身的内容仅限于游戏状态。如果裁判员在与游戏 AI（或模仿机器的人）对战时评估类人化程度，那么它将更接近原始图灵测试。

图 6.1   图灵测试

Garry Kasparov 在 1991 年左右对 Deep Sort（第 1 章中描述的 Deep Blue 的早期版本）进行了有趣的图灵测试 [17]。他通过某一次锦标赛中的 5 场比赛的棋谱，猜测哪个是玩家、哪个是 Deep Sort（机器）。Kasparov 正确回答了 3 场。这些棋谱看起来像一场普通的国际象棋对弈，但是从国际象棋世界冠军的角度来看，有些下棋动作十分奇怪并远于人类的水平。但这个时候，Kasparov 觉得再过 10 年，AI 水平不如人类的局面会发生逆转，然后正如第 1 章中描述的，真的发生了逆转。

我们可以通过以下两个方法制作类人化的游戏 AI。

- 具有游戏专业知识的人类手动将类人化的动作作为算法和参数嵌入游戏 AI 中。
- 无须使用特定于游戏的知识即可实现类人化的游戏 AI。

接下来的章节会分别说明相关的研究案例（基于文献 [24] 和 [34]）。

6.4 不使用"类人化"函数的类人化游戏 AI

有一种学习方法不需要使用"类人化"函数。假设人类玩家的动作是根据过去 T 帧的状态确定的。这个时候，把状态的集合设为 S，动作的集合设为 A，那么如下制作函数 $S^n \rightarrow A$。

1）把人类的游戏记录作为训练数据进行整理统计。

- 状态 $s_h = (s_{h,0}, s_{h,1}, \cdots, s_{h,T-1})$。
- 这时采取的动作 $a_h = (a_{h,0}, a_{h,1}, \cdots, a_{h,T-1})$。

2）根据有监督学习创建函数 $S^T \rightarrow A$

需要注意的是 S 的维度会变得非常大，需要通过某种方法压缩 S 的维度。中野等人 [31] 使用进化计算调整了 Mario AI Competition（见第 4.4 节）环境中的以下两个因素。

- 蒙特卡罗树搜索中使用的评价函数参数。
- 在随机模拟中选择每个动作的可能性。

然后，通过提高蒙特卡罗树搜索的输出与人类游戏记录中的动作之间的匹配率，创建了类人化行为的游戏 AI。但是，这个评价函数是基于 Mario Competition 特定知识并通过人工来手动实现的。

Mozgovoy 等人 [67] 让拳击游戏的 AI 持有人类玩家的游玩记录——s_h 和 a_h 组成的数据库。在 AI 进行实战的过程中，它会从数据库中检索出与现在状态 s_{now} 最相似的状态 $s_{h,n}$，然后采取人类玩家实际的动作 $a_{h,n}$，从而不用采用"类人化"函数就能实现类人化 AI 的效果。这个时候，一部分状态参数通过离散化处理对状态空间进行了压缩。也有些研究使用网球游戏 AI 根据人类比赛记录来构造有限的自动机，以模仿特定运动员的个性 [68]。该方法使用多个有限自动机，这些自动机具有不同数量的状态参数和不同的离散度。通过在它们之间切换来搜索状态。在这些方法中，参数的离散化和搜索条件的设置需要拳击比赛和网球比赛特有的知识。

接下要说明一下作为压缩状态空间 S 的方法，如何利用 DQN（参考 5.2 节）的输出。换句话说，在游戏规则上以接近相似状态的形式对 S 进行维度压缩。

在这里我们做如下假设。

> 　　动作价值函数 $Q(s, a)$ 的 a 的分布在对应的最近一帧的状态 s 就是游戏规则中的相似状态。

这个假设被认为在通常的游戏过程中是妥当的。基于该假设，将训练好的 DQN 的输出 $\tilde{q}_s$ 从当前帧开始每 4 帧排列 4 个。

$$(\tilde{q}_{s_t}, \tilde{q}_{s_{t-4}}, \tilde{q}_{s_{t-8}}, \tilde{q}_{s_{t-12}}) = \tilde{q}_s^4 (\in \tilde{Q}^4) \tag{6.1}$$

把它作为进行过维度压缩的状态 s 使用。就这样将最接近的 4 帧的状态作为输入来使用，作为其结果构成函数 $S^{16} \rightarrow A$（见图 6.2），把最靠近的 16 帧信息作为输入并输出行动。学习的目标是能够完成 $\tilde{Q}^4 \rightarrow A$ 的神经网络。为此将人类玩家的游戏记录 $\tilde{q}_{s_h}^4$ 和 a_h 作为训练数据进行学习。$\tilde{q}_{s_h}^4$ 是关于 $t(0 \leq t \leq T-1)$ 从 $s_{h,t}$, $s_{h,t-4}$, $s_{h,t-8}$, $s_{h,t-12}$ 创建的 $\tilde{q}_s^4$ 的列。但需要注意的是，如果从 $s_{h,t}$ 到 $s_{h,t-12}$ 之间包含游戏开始的帧，那么使用开始帧作为接下来的状态。该方法不需要任何特定于游戏的知识，并且不需要在操作过程中进行仿真，它可以高速执行。图 6.2 展示了这一原理构造。从构造中可以看出并非从 S^4 直接计算出 A，而是通过中间状态 $\tilde{Q}^4$ 计算而得。左边的网络为经过训练的 DQN。右边的网络把人类的游戏记录作为训练数据进行学习。请注意，DQN 部分使用相同的网络。

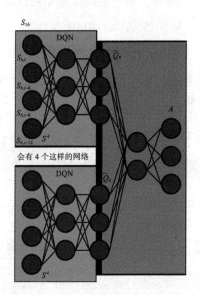

图 6.2　用于类人化游戏 AI 的 DQN

　　接下来描述使用基于 GVG 设计的游戏（躲避球游戏和平台游戏）的实验结果。

　　执行屏幕如图 6.3 和图 6.4 所示。这两个游戏都是简单的二维游戏，均以每秒 30 帧的速度运行。此外，游戏结束后，游戏的下一帧是从初始状态重新开始的。

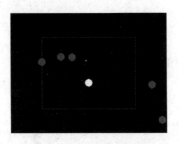

图 6.3　躲避球游戏

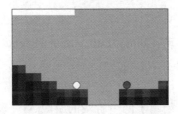

图 6.4　平台游戏（白条显示剩下的时间）

　　躲避球游戏是一种你可以控制屏幕上的白球来避开红球的游戏。白球可以上下左右移动，但不能超出屏幕上的中间（红色）方块范围。有 5 个红球，每个红球以恒定的速度移动，但在到达屏幕边缘时会反弹回来。当白球与红球碰撞时，游戏结束。游戏终结时的最后帧数是游戏的分数。你可以执行 5 种操作：向上、向下、向左、向右移动或不移动（以下称为 Up、Down、Left、Right、None）。

　　平台游戏是一种玩家可以在屏幕上操作白球，然后在自动生成的地图上

继续向右移动的游戏。在游戏中，重力总是向下作用。白球可以左右移动并跳
跃。可以根据按下按钮的时间来调整跳跃的高度。红球从屏幕的右边缘随机出
现，并一直在地面上移动。当被白球踩到时，红球会被击败。任何其他方向的
碰撞都将导致白球掉落（被击败）。游戏有时间限制，但可以通过击败红球来
延长时间限制。碰到以下几种情况就会终结游戏，在此之前白球向右推进的距
离作为游戏的得分。

- 白球被红球击败。
- 白球掉进没有地面的地方。
- 限制时间变为零。

可以执行的动作有以下 6 种。

- 横方向的移动（左或右）：Left、Right。
- 不移动：None。
- 按着跳跃键左右移动：Jump+Left、Jump+Right。
- 按着跳跃键但不移动：Jump。

首先，我使用 DQN 创建了两个游戏的游戏 AI。表 6.3 概述了 DQN 参数。
表 6.4 显示了创建的游戏 AI 的性能和比较。表 6.4 中显示了使用 DQN 和随机
动作玩 100 次时的平均得分。人类玩家的得分是游戏时间持续 10 分钟的平均
得分（人类玩家有 3 位）。

表 6.3　游戏中使用的 DQN 参数等设置

	躲避球游戏	平台游戏
输入	24 维向量，显示当前帧中 1 个白球和 5 个红球的位置坐标 (x,y) 和速度	屏幕以 24×40 的矩阵表示，其中没有任何内容，0 表示地面、1 表示白球、2 表示红球、4 表示地面上的孔、5 表示时间限制的条形。3840 维 3 阶张量，从现在到过去有 4 帧

（续）

	躲避球游戏	平台游戏
输出	5 维向量，表示每个动作的动作值	6 维向量，表示每个动作的动作值
隐藏层	有 3 个全连接层，激活函数为 ReLU	有 3 层卷积层和 2 层全连接层，激活函数为 ReLU
奖励	游戏终止为 –1，其他情况为 0	白球从前面一帧前进的距离
奖励衰减率	0.99	0.95
动作策略	使用 ε- 贪婪算法（见 4.8 节）。在前 100 万帧中，ε 的值从 1.0 线性下降到 0.01，此后固定为 0.01	
动作决策频率	每 1 帧	
网络更新频率	每 4 帧	
网络更新算法	Adam[59]	
损失函数	均方误差	

表 6.4　各个游戏的平均分数

	躲避球游戏	平台游戏
使用 DQN 的 AI 的平均分	439.87	4455.83
随机动作的平均值	80.88	61.39
人类玩家的平均分	259.33	4620.10

　　基于以上结果，制作了如图 6.2 所示的进行 $\tilde{Q}^4 \rightarrow A$ 的神经网络。学习的参数设置如表 6.5 所示。这个神经网络把 10 分钟（18 万帧）的人类玩家的游戏记录 $\tilde{q}_{s_h}^4$ 和 a_h 作为训练数据进行学习。但为了提高效率，a_h 包含的动作数量应相同。换句话说，对于长动作，执行预处理以从历史记录中随机抽取帧。在躲避球游戏中，作为训练数据的历史记录有 9805 帧，在平台游戏中，用作训练数据的历史记录有 17 865 帧。在实际操作时，创建的游戏 AI 从神经网络的输出中选择具有最高数值的动作。

　　可以观察到，以这种方式创建的游戏 AI（以下称为"类人化 agent"）的动作不同于使用正常的 DQN 的游戏。在躲避球游戏中，DQN 中出现的振动动作已减少。避开小球时，DQN 会立即移动轴。类人化 agent 倾向于以冲过来的小球的相同方向逃跑。这种行为并不总是最佳的，因为它可能会被小球追上。另一方面，人类玩家的回避动作也有类似的趋势。在平台游戏中，正常的 DQN 在越过台阶或山谷时会有效地跳跃。但类人化 agent 则会在前面停顿一次然后跳跃。但是，agent 卡在台阶上或跌入山谷并击中敌人的频率比 DQN 高得多。

表 6.5   神经网络的参数设置

	躲避球游戏	平台游戏
输入	输入形式为向量，这个向量列出最近 4 帧 DQN 输出的每个动作的动作值	
	5 维向量 × 4 帧 =20 维向量	6 维向量 × 4 帧 =24 维向量
输出	一个向量，表示人类期望执行的动作。将 softmax 函数设为激活函数	
	5 维向量	6 维向量
中间层	2 个全连接层。各个节点有 512 个。激活函数为 ReLU	
网络更新算法	Adam[59]	
损失函数	对数函数	

这种动作模式不能简单地通过将噪声添加到 DQN 的输出并降低精度来获得。可以认为它是通过基于状态表达和人类游戏记录的学习而获得的。

以上内容是针对游戏较为主观的分析。接下来会以游戏分数和动作模式来客观地进行评价。

如果获得的游戏分数极低，就会被认为不够类人化。因此，首先确认类人化 agent 的性能需要达到什么程度。把以下对象作为比较对象进行 100 次游戏并比较它们的平均分数。

- 不使用 DQN，直接用 5 层神经网络学习人类游戏记录 s_h 和 a_h 生成的玩家（不压缩状态）。
- 使用 DQN 的玩家。
- 采取随机动作的玩家。
- 人类玩家。
- 类人化 agent。

人类玩家的分数是通过 3 位玩家进行 10 分钟游戏来统计的。结果如表 6.6
所示。

表 6.6　在各个游戏中各个玩家的平均分数和标准偏差

	躲避球游戏	平台游戏
类人化 agent/1 帧	271 ± 219	538 ± 361
类人化 agent/3 帧	274 ± 220	532 ± 406
不压缩状态	82 ± 60	2480 ± 1823
DQN/1 帧	533 ± 527	4832 ± 3039
DQN/3 帧	355 ± 358	3743 ± 2320
随机	80 ± 54	69 ± 137
人类	214 ± 260	2667 ± 4049

与一帧一帧进行输入的玩家相比，类人化 agent 的躲避球得分要比 DQN
更低，但与 t 检验的得分相差无几，显著水平为 5%。此外，该分数明显高于
不压缩状态的玩家或执行随机动作的玩家。已经表明，将 DQN 的输出用作压
缩状态具有一定的效果。另一方面，对于平台游戏，类人化 agent 得分低于
DQN，并且能获得的得分大约为人类得分的 10%。之所以不压缩状态的玩家的
得分较高，可能是因为该玩家持续选择 "Jump+Right" 动作。

AI 在游戏过程中与人类所采取的动作分配的相似性被视为 "类人化" 的条
件之一。因此，我们比较了 10 分钟（180 000 帧）的动作分布。结果，对于躲
避球游戏，发现 None 的输出增加并且获得了类似于人类的分布。平台游戏的
动作分布也显示出一些差异，但没有统计学意义。

最后，我们使用图灵测试对游戏 AI 进行主观评价。针对 20 名受试者通过
计算机演示两个 30 秒的视频。其中一个视频是人类玩家在玩游戏，另一个是
游戏 AI 在玩游戏。受试者也被告知这样的情况。为了减少对游戏 AI 的偏向
性，还包括两者都是人类玩家玩游戏的实验。在查看之后，受试者将以 5 分制
对它们进行 5 阶段的评价："A 是人类""如果非要选择的话 A 是人类""我不知

道""如果非要选择的话 B 是人类"和"B 是人类"。除此之外,还要用文字形式说明选择原因。另外,A 和 B 上出现的图像种类是完全随机的,受试者也不知道$^{\ominus}$。每次的问题是从 60 个人类和 30 个 AI 中随机选择要显示的视频组成。人类玩家的玩游戏画面是通过视频记录 3 个人的游戏过程,每次录制 10 分钟。

作为该验证实验的结果,躲避球游戏中游戏 AI 表现出与人类相似的游戏得分的能力。另外已经证实,在主观评价中,图灵测试分数存在显著差异。根据主观评价判断理由的调查结果,类人化 AI 的"玩得太烂"的评价比例比 DQN 高 25%。而"小幅度的动作"的评价比例下降了 35%。这似乎导致了图灵测试分数的提高(评价被认为是人类)。但是,AI 被指出缺乏战略和缺乏多余的动作。

由于 AI 在平台游戏中获得的游戏分数较低,所以主观评价并没有显示出优于人类的优势。造成这种情况的一个原因可能如之前所述,游戏限制了一些继续向右的移动。结果,DQN 动作价值函数的分布存在严重偏差。另一个原因是,某些动作的含义会根据玩家是在地面上还是在空中而改变。因此,仅通过动作价值函数的分布来表示状态的方法不可能有效地学习。值得注意的是,游戏 AI 表现出 DQN 中未发现的动作。作为今后的研究课题,预期未来的研究方向将进一步扩展本节介绍的包含人类特征的算法。

6.5 使用"类人化"函数的类人化游戏 AI

本节基于定量表达类人化函数对游戏 AI 进行说明。在蒙特卡罗树搜索中,可为了优化"类人化"函数来选择动作。最重要的一点是如何实现"类人化"函数。在先前的研究中,研究人员事先已经设置了一种从认知心理学的角度表

$\ominus$ 称为"双盲测试"(double blind test)。这是消除医学和制药领域中的安慰剂效应和观察者偏见的有效测试方法。

现 "类人化" 的评价函数。但是，以这种方式设计的评价函数并不总是对任何游戏都有效，而是取决于游戏特定的知识。

比如说，藤井等人[35]在 Mario AI Competition（见 4.4 节）的环境中对利用了 Q 学习和 A* 搜索的 AI 导入了生物学限制条件的奖励模型，实现了类人化的动作。这其中的要素如下所示。

- 认知以及按键输入的延迟波动。
- 疲倦。
- 心理状态。

但是，在这里人类手动设置了与 Mario Competition 环境匹配的特征。

Khalifa 等人[61]试图量化 GVG-AI 竞赛环境中的类人化。将常见的蒙特卡罗树搜索方法与人类玩家进行比较，他们发现人类具有更多重复性动作和更长的停顿时间。因此，创建了一个游戏 AI，可以量化这些项目从而更接近人类。游戏 AI 过于频繁的变换输入忽略了人类的身体限制，这也是丧失类人化的原因之一。在蒙特卡罗树搜索的评价函数中添加一个约束，以便按键输入的频率更接近人类。但即使这样，人类（受试者）看到这种游戏 AI 仍然觉得它不像人类。与 2014 年 GVG-AI 竞赛的冠军程序（AdrienCtx[71]）相比，反而更加让人觉得不像个人类。因此，有必要仔细考虑人类（受试者）到底是从什么样的视角观察人类和 AI 之间的区别。

在下文中，我们的目标是创建比 2016 年的 GVG-AI 竞赛的冠军程序 "YOLOBOT" 更加类人化的游戏 AI。这里利用的 GVG 游戏如下所示。

- Aliens（见图 6.5）：
    一种在限制时间内击落出现的敌人的游戏。通关条件是击落所有敌人。如果玩家碰到敌人或被敌人射出的子弹击中，游戏将结束。最初，有一些用于自卫的防御块，但是当被敌人或你自己的子弹击中防御块时，防御块将消失。图 6.5 显示了防御块被敌人的子弹击中并被摧毁。

- Bomberman（见图 6.6）：

  需要从随机移动的敌人之间穿过，并从隐藏在墙壁中的门逃脱的一种游戏。用炸弹打破墙壁，找到门，进入门就能通关。当玩家触碰到敌人或被自己的炸弹炸到时，游戏就会结束。如果玩家不能在限定时间的 2000 个时间步（time step）内完成逃脱也算输。初始状态如图 6.6 所示。有些墙壁可以被炸弹炸毁，而另一些则不能。门被隐藏在有标记的墙壁下。

- Overload（见图 6.7）：

  收集物品，通过砍伐树木接近目标的游戏。拿起一把剑（图中的底部中心）并收集一定数量的物品，砍伐树木并进入门是通关条件。如果花费时间超过 2000 个时间步，或者如果物品被敌人捡走并无法收集到通关所需要物品的最低数量，则游戏失败。

- Bait（见图 6.8）：

  旨在收集钥匙并进入门的游戏。玩家需要推开阻碍其前进的障碍，如果玩家在顺序上搞错，则游戏马上就会结束。此外如果花费时间超过 2000 个时间步，则游戏失败。

- Chipschallenge（见图 6.9）：

  一个收集所有物品并从门逃脱的游戏。每个不同颜色的药水对应相应的方块。收集药水可以打开方块。游戏结束的唯一条件是超时（2000 个时间步）。

图 6.5   Aliens

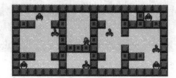

图 6.6   Bomberman

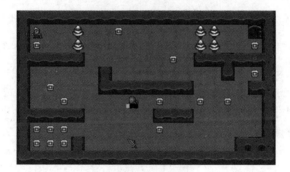

图 6.7   Overload

图 6.8   Bait

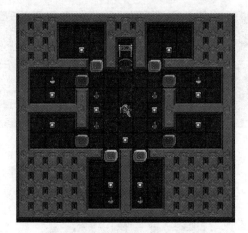

图 6.9　Chipschallenge

　　首先，我们要求人类受试者比较蒙特卡罗树搜索和人类玩家的视频。然后，我们调查了人类玩家与游戏 AI 之间在动作上的区别（人类特征）是什么。作为实验游戏，在许多研究中都使用过"Aliens"和"Bomberman"。问卷调查的结果表明，容易量化和理解的特征有以下 3 个。

- 动作迟钝。
- 大范围移动。
- 不会死。

　　基于以上几点，创建具有类人化动作的游戏 AI（以下称为"类人化 agent H_bot"）。在这里，我们使用类人化函数 H 改进 UCT 算法的 UCB 公式（见式（4.15））。

$$UCB^* = UCB + \alpha H \qquad (6.2)$$

需要注意 α 是常数项。在 UCB 算法中选择一个使该值能够最大化的子节点进行展开。

以问卷调查结果作为基础，用如下公式定义⊖类人化项 H。

$$H = \begin{cases} 0 & \text{(选择 ACTION\_NIL 以外的选项时)} \\ 1 & \text{(选择 ACTION\_NIL 以外的选项，并且前面的动作不是 ACTION\_NIL 时)} \\ -\beta & \text{(连续两次选择 ACTION\_USE 时)} \\ -5 & \text{(回退移动：分别在向上、向下、向左或向右移动之后向下、向上、} \\ & \text{向右或向左移动时)} \end{cases}$$

这其中，第一个是默认设置，第二个是调整移动速度，第三个的目的是减少 Bomberman 中的自杀⊖。一直选择 ACTION_NIL，则会陷入死胡同。因此，我们在第二个条件下不进行连续选择。第四个条件是鼓励进行尽可能广泛的搜索。

作为预备实验，在 Aliens 中从 ACTION_NIL 的数字调整类人化项 αH 的常数 α。此外，在使用 α 时，注意 Bomberman 的 ACTION_USE 的数字来调整 β。最终，在 Alien 游戏中 $\alpha=0.02$ 时，AI 选择 ACITON_NIL 的概率会非常接近人类。在 Bomberman 游戏中，由于进行了调整，AI 选择 ACITON_USE 的概率比人类低很多。在 Bomberman 游戏中 $\alpha=0.02$ 时，AI 选择 ACTION_NIL 的概率比人类高，但选择 ACTION_USE 的概率却能十分接近人类。基于以上内容的结果，后面的实验都采用 $\alpha=0.02$。

受试者由从十几岁的青少年到二十几岁的成人组成，共 14 人，让他们对以下过程进行观察，并判断其类人化程度。

- 用了 αH 的 H_bot（如之前叙述的方法，通过调整 α 来达到类人化的 agent）。
- 人类玩家。
- 蒙特卡罗树搜索。

⊖ ACTION_NIL 是在特定时间段内未按下任何命令时发生的事件。另一方面，ACTION_USE 是在按下命令时发生的事件。

⊖ Bomberman 中使用炸弹爆炸时如果自己也被炸到，那么就会自爆，因此设置了该条件。

- YOLOBOT。

也就是说，会有两台计算机分别播放游戏过程的视频，针对视频 A 和 B 选择回答 "A 是人类" "B 是人类" "两边都是人类" "两边都不是人类" （进行两者比较）。A 和 B 会随机地从上面四种玩家中选取。此外，关于判断理由可以任意自由地记述。

表 6.7 总结了结果。其中显示的 x / y 表示比较的总次数 y 中确定为人类的次数 x。在 "Bomberman" 中，H_bot 的行为比蒙特卡罗树搜索更像人类。另一方面，H_bot 在 "Aliens" 游戏中的表现看起来并没有那么类人化。在 "Overload" 中也没有表现出类人化。在 3 个游戏（Aliens、Bomberman、Overload）中，H_bot 看上去不如 YOLOBOT 类人化。另外，在 Bait 中 H_bot 的表现是最类人化的。但是在 Chipschallenge 中没有一种算法表现出类人化。

表 6.7　玩游戏的过程被认为是人类的比例

游戏名	人类	蒙特卡罗树搜索	H_Bot	YOLOBOT
Aliens	32/42	14/42	14/42	20/42
Bomberman	22/42	4/42	19/42	23/42
Overload	33/42	4/42	6/42	15/42
Bait	34/36	17/36	24/36	4/36
Chipschallenge	19/34	5/35	7/34	9/35

在 Aliens 中，与蒙特卡罗树搜索相比，H_bot 的 ACTION_NIL 比例与人类更接近。但是，H_bot 的 ACTION_USE 比例远低于人类，而蒙特卡罗树搜索的 ACTION_USE 比例更接近人类。因此，尽管 H_bot 的移动速度已接近人类的速度，但与蒙特卡罗树搜索相比，它似乎并不像人类。为了验证在 Aliens 游戏中为什么认为 YOLOBOT 最接近人类，我们来看看做出决定的观点。表 6.8 显示了为什么问卷中的 H_bot 和 YOLOBOT 被认为是人类。括号中的数字是这种意见的数量。

表 6.8　在 Alines 游戏中，H_bot 被认为是机器、YOLObot 被认为是人类的判断理由

H_bot 是机器	YOLOBOT 是人类
用来防御的墙的破坏方式不自然（6）	在预判（1）
没有瞄准（4）	在瞄准（4）
有瞄准（3）	命中率低（2）
玩耍的位置有偏移（2）	玩耍的位置有偏移（1）
通关的时间过短（1）	同时瞄准多个目标（1）
无用的左右摇摆动作过多（9）	无用的动作过多（2）
抵消敌人射来的子弹（1）	

可以认为为了能够大范围运动，导入到类人化函数 H 的 $H=-5$ 导致了无用的左右摇摆动作过多。因此，相对于 YOLOBOT，H_bot 不够像人类玩家吧。此外，还对为了能够得到最少通关时间而进行了优化。其实，还有不少人对 YOLOBOT 的命中率持有疑问。低命中率会影响胜率。表 6.9 展示了通关率与游戏时间比较的结果。在先前的实验中，速度的差异得到了极大的关注。因此，模块破坏似乎会影响类人化的程度。重视这一点可能会使 H_bot 更像人类。YOLOBOT 是 2016 年 GVG-AI 竞赛的冠军程序，但在"Aliens"中的胜率比蒙特卡罗树搜索差。另一方面，似乎这种"臭棋"操作被认为更像人类。过短的游戏通关时间也被认为够像人类。

表 6.9　在 Aliens 中的通关率和平均游戏时间

操作者		游戏次数	通关率	平均游戏时间
人类		30	0.80	443.30
蒙特卡罗树搜索		100	1.00	477.11
HBot	0.002	100	0.99	483.21
YOLOBOT		100	0.81	491.95

这种游戏（Aliens、Bomberman、Overload）的结果表明，胜率和通关时间也是判断类人化程度的基准。因此，让我们再观察一下 YOLOBOT 擅长的游戏 Bait 和 Chipschallenge 上的表现（与人类具有相同的胜率且通关时间较短的游戏）。在 Bait 中，比起 YOLOBOT，H_bot 表现得更像人类玩家。但是在 Chipschallenge 中并非如此。

当在 Bait 中完成通关时，H_bot 的平均游戏时间非常接近人类玩家的平均游戏时间。在这个游戏中，它看起来比 YOLOBOT 更接近、更像人类。此外，搜索范围很小，因此很少会发生到达不了终点的情况，在做出前面 3 种游戏中被认为是"莫名其妙"和"毫无意义"的动作之前就通关了。Bait 的平均游戏时间很短，并且游戏的复杂性不如"Overload"和"Aliens"，能见度低从而导致"无用"的动作很少被识别出来。此外，YOLOBOT 在没有敌人的逃脱游戏中始终能够走出最佳路线这一点被认为是不够像人类的原因。

对 Chipschallenge 中的通关时间进行比较，H_bot 花费的时间比人类花费的时间更长。但是，与其他 AI 算法相比，H_bot 的 ACTION_NIL 的比例最接近人类。这表明 H_bot 会执行一些不必要的停止和移动（不首先到达目标、不收集项目、在某一位置停顿等）。这就是为什么 H_bot 同样在 Aliens、Bomberman 和 Overload 中的游戏表现上被视为人类的原因。另一方面，YOLOBOT 采取了异常快速的动作，获胜率为 1.00，使游戏能够顺利通关。因此，与 H_bot 相比，YOLOBOT 被认为是一台机器，并且没有明显地被判断为人类。

在本节中，为了量化 GVG-AI 的类人化程度，关注了以下三点来试图创建一个做出像人类一样操作的蒙特卡罗树搜索。

- 动作的缓慢程度。
- 大范围移动。
- 不会死。

希望将来，本书描述的方法能够得到进一步扩展，以实现更像人类的 AI（强 AI）。

参考文献

[1] 秋葉澄孝、Nクィーン問題の解について、情処学会記号処理研究会、60-2、1991.

[2] イアン・スチュアート（著）、水谷淳（訳）、数学ミステリーの冒険、SBクリエイティブ、2015.

[3] 池畑望、伊藤毅志、Ms. Pac-Manにおけるモンテカルロ木探索、ゲームプログラミングワークショップ2010論文集、pp.1-8、2010.

[4] 井上秀太郎、佐藤洋祐、グレブナー基底を使った数独の難易度判定と問題作成、数理解析研究所講究録、no.1785、pp.51-56、2012.

[5] 伊庭斉志、人工知能と人工生命の基礎、オーム社、2013.

[6] 伊庭斉志、人工知能の方法—ゲームからWWWまで—、コロナ社、2014.

[7] 伊庭斉志、進化計算と深層学習—創発する知能、オーム社、2015.

[8] 伊庭斉志、プログラミングで愉しむ数理パズル—未解決の難問やAIの課題に挑戦—、コロナ社、2016.

[9] 伊庭斉志、ダヌシカ・ボレガラ、東京大学工学教程 情報工学 知識情報処理、丸善出版、2016.

[10] 伊庭斉志、人工知能の創発—知能の進化とシミュレーション—、オーム社、2016.

[11] ノーバート・ウィーナー（著）、池原止戈夫、彌永昌吉、室賀三郎、戸田巌（訳）、ウィーナー サイバネティックス—動物と機械における制御と通信、岩波書店、2011.

[12] フレッド・ウェイツキン（著）、若島正（訳）、ボビー・フィッシャーを探して、みすず書房、2014.

[13] ピーター・ウィンクラー（著）、坂井公、岩沢宏和、小副川健（訳）、とっておきの数学パズル、日本評論社、2011.

[14] P.H.ウィンストン（著）、長尾真、白井良明（訳）、人工知能、培風館、1980.

[15] ミチオ・カク（著）、野本陽代（訳）、サイエンス21、翔泳社、2000.

[16] ガルリ・カスパロフ（著）、近藤隆文（訳）、決定力を鍛える チェス世界王者に学ぶ生き方の秘訣、NHK出版、2007.

[17] ガルリ・カスパロフ（著）、羽生善治（解説）、染田屋茂（訳）、DEEP THINKING ディープ・シンキング 人工知能の思考を読む、日経BP社、2017.

[18] 加藤貴之、山本修身、"パターンデータベースを利用した箱入り娘型スライディングパズルの最適解の探索"、情報処理学会第76回全国大会、2014.

[19] マーチン・ガードナー（著）、赤摂也・赤冬子（訳）、マーチン・ガードナーの数学ゲーム2（別冊日経サイエンス182）、2011.

[20] マーティン・ガードナー（著）、岩沢宏和・上原隆平（訳）、ガードナーの数学パズル・ゲーム（完全版 マーティン・ガードナー数学ゲーム全集1）日本評論社、2015.

[21] マーティン・ガードナー（著）、岩沢宏和・上原隆平（訳）、ガードナーの新・数学娯楽、球を詰め込む/4色定理/差分法 マーティン・ガードナー数学ゲーム全集3、日本評論社、2016.

[22] マーティン・ガードナー（著）、岩沢宏和・上原隆平（訳）、ガードナーの予期せぬ絞首刑（完全版 マーティン・ガードナー数学ゲーム全集 第4巻）、日本評論社、2017.

[23] ブライアン・クリスチャン、機械より人間らしくなれるか？ AIとの対話が、人間でいることの意味を教えてくれる、吉田晋治（訳）、草思社、2012.

[24] 齋藤眞魚、MCTSの補正に基づく一般ゲームにおける人間らしさの実現、東京大学工学部電子情報工学科、卒業論文、2018.

[25] アナトール・ショーペンハウアー（著）、橋本文夫（訳）、幸福について―幸福論、新潮文庫、2012.

[26] 杉原厚吉、へんな立体―脳が鍛えられる「立体だまし絵」づくり、誠文堂新光社、2007.

[27] E.B.ゼックミスタ、J.E.ジョンソン（著）、宮元博章、道田泰司、谷口高士、菊池聡（訳）、クリティカルシンキング 実践篇：あなたの思考をガイドするプラス50の原則、北大路書房、1997.

[28] 高木貞治、近世数学史談・数学雑談（復刻版）、共立出版、1996.

[29] 田中成俊、江本龍二、長谷川健、杉原祐介、Ardta NGONPHACHANH、市野順子、橋山智訓、人間っぽい動きを実現する学習エージェント、28th Fuzzy System Symposium、FG2-4、2012.

[30] 徳田雄洋、必勝法の数学（岩波科学ライブラリー）、岩波書店、2017.

[31] 中野雄基、美添一樹、脇田建、進化計算とUCTによるMarioを人間らしくプレイするAI、第18回ゲームプログラミングワークショップ、pp. 81-88、2013.

[32] J.バーンスタイン（著）、米沢明憲、米沢美緒（訳）、心をもつ機械—ミンスキーと人工知能、岩波書店、1987.

[33] 伴田良輔（訳）、サム・ロイドの「考える」パズル、青山出版社、2008.

[34] 平井健太朗、Deep Q-Networkを用いた状態表現による人間行動を模倣するゲーム、東京大学工学部電子情報工学科、卒業論文、2017.

[35] 藤井叙人、佐藤祐一、中嶌洋輔、若間弘典、風井浩志、片寄晴弘、生物学的制約の導入による「人間らしい」振る舞いを伴うゲームAIの自律的獲得、第18回ゲームプログラミングワークショップ、pp.73-80、2013.

[36] 藤田康博、鶴岡慶雅、伊庭斉志、General Game Playingのための組み合わせ特徴の自動生成、第19回ゲームプログラミングワークショップ、pp.180-187、2014.

[37] ジョン・アレン・パウロス（著）、望月衛、林康史（訳）、天才数学者、株にハマる—数字オンチのための投資の考え方、ダイヤモンド社、2004.

[38] フランク・ブレイディー（著）、佐藤耕士（訳）、完全なるチェス—天才ボビー・フィッシャーの生涯、文藝春秋、2013.

[39] V.E.フランクル（著）、山田邦男、松田美佳（訳）、それでも人生にイエスと言う、春秋社、1993.

[40] ダグラス・R.ホフスタッター（著）、野崎昭弘、柳瀬尚紀、はやしはじめ（訳）、ゲーデル、エッシャー、バッハ—あるいは不思議の環、白揚社、1985.

[41] 松原仁　他（著）、瀧澤武信（編集）、人間に勝つコンピュータ将棋の作り方、技術評論社、2012.

[42] 松原仁、AlphaGoの置き土産、情報処理、vol.58、no.8、pp.668-669、2017.

[43] 山川雄史、伊藤雅、RocAlphaGoに基づく囲碁アルゴリズム、OR学会中部支部総会・研究発表会、2017年3月4日.

[44] 安武諒、山口崇志、Mackin, K.J.、永井保夫、チューリングテストによるゲームAIの客観的評価、東京情報大学研究論集、vol.16、no.1、pp.33-46、2012.

[45] ジェイソン・ローゼンハウス、ローラ・タールマン（著）、小野木明恵（訳）、「数独」を数学する—世界中を魅了するパズルの奥深い世界、青土社、2014.

[46] Arnold,E., Lucas,S. and Taalman,L., "Gröbner Basis Representations of Sudoku," *The College Mathematics Journal*, vol.41, no.2, pp.101-112, 2010.

[47] Auer,P. and Cesa-Bianchi,N., "Finite-time Analysis of the Multiarmed Bandit Problem," *Machine Learning*, vol.47, pp.235-256, 2002.

[48] Bellman,R., *Adaptive control processes-A guided tour*, Princeton University Press, 1961.

[49] Bellemare,M.G, Naddaf,Y., Veness,J. and Bowling,M., "The arcade learning environment: An evaluation platform for general agents," *Journal of Artificial Intelligence Research*, vol.47, pp.253–279, 2013.

[50] Bellemare,M.G., Srinivasan,S., Ostrovski,G., Schaul,T., Saxton,D., and Munos,R., "Unifying Count-Based Exploration and Intrinsic Motivation," arXiv:1606.01868v2 [cs.AI], also in *Proc. 30th Conference on Neural Information Processing Systems (NIPS 2016)*, 2016.

[51] Bowling,M., Burch,N., Johanson,M., Tammelin,O., "Heads-up limit holdem poker is solved," *Science*, vol.34, no.6218, pp.145-149, 2015.

[52] Brandstetter,M.F. and Ahmadi,S., "Reactive control of Ms. Pac Man using information retrieval based on Genetic Programming," in *Proc. of Computational Intelligence and Games (CIG)*, pp.250-256, 2012.

[53] Coulom,R., "Efficient selectivity and backup operators in Monte-Carlo tree search," in *CG'06 Proceedings of the 5th international conference on Computers and games*, pp.72-83, 2006.

[54] Coulom,R., "Monte-Carlo Tree Search in Crazy Stone," in *Proceedings of Game Programming Workshop 2007*, pp.74-75, 2007.

[55] de Kleer,J., "An assumption-based TMS,"Artificial Intelligence, vol.28, pp.127-162, 1986.

[56] Finnsson,H. and Björnsson,Y., "Simulation-based approach to general game playing," in *Prod. of 23rd AAAI Conference on Artificial Intelligence*, pp.259-264, 2008.

[57] Genesereth,M. and Love,N., "General Game Playing: Overview of the AAAI competition," *AI magagine*, vol.26, no.1, pp.1-16, 2005.

[58] Jacques Pitrat, "Realization of a general game-playing program," IFIP Congress, vol.2, pp.1570-1574, 1968.

[59] Kingma,D.P. and Ba,J., "Adam: A Method for Stochastic Optimization," in *Proc. of the 3rd International Conference on Learning Representations(ICLR2015)*, 2015.

[60] Krizhevsky,A., Sutskerver,I. and Hinton,G.E., "ImageNet classification with deep convolutional neural networks," *Advances in Neural Information Processing Systems 25 (NIPS)*, pp.1097-1105, 2012.

[61] Khalifa,A., Isaksen,A., Togelius,J., Nealen,A., "Modifying MCTS forHuman-like General Video Game Playing,"in *IJCAI'16 Proceedings of the Twenty-Fifth International Joint Conference on Artificial Intelligence*, pp.2514-2520, 2016.

[62] Koza,J.R., *Genetic Programming: On the Programming of Computers by Means of NaturalSelection*, MIT Press, Cambridge, MA, USA, 1992.

[63] Lim,S. and Reeves,B., "Computer agents versus avatars: Responses to interactive gamecharacters controlled by a computer or other player,"*International Journal of Human-Computer Studies*, vol.68, no.1-2, pp.57-68, 2010.

[64] Love,N.C., Hinrichs,T.L., and Genesereth, M.R., "General game playing: Game description language specification," Technical Report LG-2006-01, Stanford Logic Group, April 2006.

[65] Lucas,S.M., "Evolving a neural network location evaluator to play Ms. Pac-Man," in *Proc. of Computational Intelligence and Games (CIG)*, pp.203-210, 2005.

[66] Mnih,V., et.al., "Human-level control through deep reinforcement learning," *Nature*, vol.518, pp.529-533, 2015.

[67] Mozgovoy,M. and Umarov,I., "Building a Believable Agent for a 3D Boxing Simulation Game,"in *Proc. of 2010 Second International Conference on Computer Research and Development*, pp.46-50, 2010.

[68] Mozgovoy,M., Purgina,M., and Umarov,I., "Believable Self-Learning AI for World of Tennis,"in *Proc. of IEEE Computational Intelligence in Games*, pp.247-253, 2016.

[69] Nelson M.J., "Game metrics without players: Strategies for understanding game artifacts,"in *Proceedings of the First AIIDE Workshop on AI in the Game-Design Process*, pp.14-18, 2011.

[70] Pathak,D., Agrawal,P., Efros,A.A., Darrell,T., "Curiosity-driven Exploration by Self-supervised Prediction," in *Proc. of the 34 th International Conference on Machine Learning (ICML)*, pp.2778-2787, 2017.

[71] Perez,D., Samothrakis,S., Togelius,J., Schaul,T., Couetoux,A., Lee,J., Lim,C.-U., and Thompson,T., "The 2014 General Video Game Playing Competition,"*IEEE Transactions on Computational Intelligence and AI in Games (T-CIAIG)*, vol.8, no.3, pp.229-243, 2015.

[72] Sato,Y., Inoue,S., Suzuki,A., Nabeshima,K., and Sakai,K., "Boolean Gröbner bases,"*Journal of Symbolic Computation*, vol.46, no.5, pp.622-632, 2011.

[73] Schaeffer,J., Burch,N., Bjornsson,Y., Kishimoto,A., Muller,M., Lake,R., Lu,P., Sutphen,S., "Checkers is solved," *Science*, vol.317, no.5844, pp.1518-1522, 2007.

[74] Samuel,A.L., "Some studies in machine learning using the game of checkers,"*Computers and Thought*, Feigenbaum, E.A. and Feldman, J. (eds.) McGraw-Hill, 1963.

[75] Schrum,J. and Miikkulainen,R., "Evolving Multimodal Behavior With Modular Neural Networks in Ms. Pac-Man,"*Proceedings of the Genetic and Evolutionary Computation Conference (GECCO 2014)*, pp.325-332, 2014.

[76] Shannon,C.E., "Programming a Computer for Playing Chess," *Philosophical Magazine*, Ser.7, vol.41, no.314, 1950.

[77] Simon,H.A. and Newell,A., "Heuristic Problem Solving: The Next Advance in Operations Research," *Operations Research*, vol.6, no.1, pp.1-10, 1958.

[78] Silver,D., Huang,A., Maddison,C.J., Guez,A., Sifre,L., van den Driessche,G., Schrittwieser,J., Antonoglou,I., Panneershelvam,V., Lanctot,M., Dieleman,S., Grewe,D., Nham,J., Kalchbrenner,N., Sutskever,I., Lillicrap,T., Leach,M., Kavukcuoglu,K., Graepel,T., and Hassabis,D., "Mastering the game of Go with deep neural networks and tree search," *Nature*, vol.529, pp.484-489, 2016.

[79] Silver,D., Schrittwieser,J., Simonyan,K., Antonoglou,I., Huang,A., Guez,A., Hubert,T., Baker,L., Lai,M., Bolton,A., Chen,Y., Lillicrap,T., Hui,F., Sifre,L., van den Driessche,G., Graepel,T., and Hassabis,D., "Mastering the game of Go without human knowledge," *Nature*, vol.550, pp.354-359, 2017.

[80] Silver,D., Hubert,T., Schrittwieser,J., Antonoglou,I., Lai,M., Guez,A., Lanctot.M., Sifre,L., Kumaran,D., Graepel,T., Lillicrap,T., Simonyan,K., and Hassabis,D., "Mastering Chess and Shogi by Self-Play with a General Reinforcement Learning Algorithm," arXiv:1712.01815 [cs.AI], 2017.

[81] Stanley,K.O. and Miikkulainen,R., "Evolving neural networks through augmenting topologies," *Evolutionary Computation*, vol.10, no.2, pp.99-127, 2002.

[82] Soni,B. and Hingston,P., "Bots Trained to Play Like a Human are More Fun," in *Proc. of 2008 IEEE International Joint Conference on Neural Networks*, pp.363-369, 2008.

[83] Thielscher,M., "A general game description language for incomplete information games," in *Proc. of the Twenty-Fourth AAAI Conference on Artificial Intelligence (AAAI-10)*, pp.994-999, 2010.

[84] Togelius,J., Shaker,N., Karakovskiy,S. and Yannakakis,G.N., "The Mario AI Championship 2009-2012," *AI Magazine*, vol.34, no.3, pp.89-92, 2013.

[85] Turing, A.M., "Computing machinery and intelligence," Mind, vol.59, pp.433-460, 1950.

[86] Weibel,D., Wissmath,B., Habegger,S., Habegger,S., Steiner,Y., and Groner,R., "Playing online games against computer- vs. human-controlled opponents : Effects onpresence, flow, and enjoyment," *Computers in Human Behavior*, vol.24, no.5, pp.2274-2291, 2008.

[87] Zinkevich,M., Johanson,M., Bowling,M., Piccione,C., "Regret minimization in games with incomplete information," in *Proc. NIPS'07 Proceedings of the 20th International Conference on Neural Information Processing Systems*, pp.1729-1736, 2007.

推 荐 阅 读

边做边学深度强化学习：PyTorch程序设计实践

作者：[日] 小川雄太郎　书号：978-7-111-65014-0　定价：69.00元

　　PyTorch是基于Python的张量和动态神经网络，作为近年来较为火爆的深度学习框架，它使用强大的GPU能力,提供极高的灵活性和速度。

　　本书面向普通大众，指导读者以PyTorch为工具，在Python中实践深度强化学习。读者只需要具备一些基本的编程经验和基本的线性代数知识即可读懂书中内容，通过实现具体程序来掌握深度强化学习的相关知识。

　　本书内容：

- ·介绍监督学习、非监督学习和强化学习的基本知识。
- ·通过走迷宫任务介绍三种不同的算法（策略梯度法、Sarsa和Q学习）。
- ·使用Anaconda设置本地PC，在倒立摆任务中实现强化学习。
- ·使用PyTorch实现MNIST手写数字分类任务。
- ·实现深度强化学习的最基本算法DQN。
- ·解释继DQN之后提出的新的深度强化学习技术（DDQN、Dueling Network、优先经验回放和A2C等）。
- ·使用GPU与AWS构建深度学习环境，采用A2C再现消砖块游戏。